FORSCHUNGSBERICHTE DES LANDES NORDRHEIN-WESTFALEN

Nr. 1874

Herausgegeben im Auftrage des Ministerpräsidenten Heinz Kühn
von Staatssekretär Professor Dr. h. c. Dr. E. h. Leo Brandt

DK 543.42.001.5 : 547.42 – 145.2 : 547.964.4 – 145.2 : 547.466 – 145.2 : 661.18

Dr. rer. nat. Manfred Spei

Deutsches Wollforschungsinstitut an der Techn. Hochschule Aachen

Spektroskopische Untersuchungen an wäßrigen Lösungen von Carbonamiden, Alkoholen, Tensiden und Peptiden

WESTDEUTSCHER VERLAG · KÖLN UND OPLADEN 1967

ISBN 978-3-663-04146-7   ISBN 978-3-663-05592-1 (eBook)

DOI 10.1007/978-3-663-05592-1

Verlags-Nr. 011874

Gesamtherstellung: Westdeutscher Verlag

Zusammenfassung

1. Von verschiedener Seite wurde die Hypothese aufgestellt, daß nicht nur Proteine, sondern auch kurze Peptide und sogar Alkohole durch hydrophobe Wechselwirkungen mit dem Lösungsmittel Wasser aggregieren. Bei Micellbildung ist sowohl im nahen Infrarotbereich als auch im Ultraviolettbereich eine Rotverschiebung, bei Auflösung der Micellen (Denaturierung) eine Blauverschiebung zu erwarten. In der vorliegenden Arbeit sollte die Hypothese der hydrophoben Wechselwirkungen durch spektroskopische Untersuchungen an niedermolekularen einheitlichen Verbindungen experimentell geprüft werden.

2. Zum direkten Nachweis der hydrophoben Bindungen durch spektrale Verschiebung der CH-Banden wurden Alkohole, sekundäre Amide und Natrium-alkylsulfate verwandt.

3. Zum indirekten Nachweis durch spektrale Verschiebungen chromophorer Gruppen dienten Insulinpeptide (bzw. Insulinketten und kristallisiertes Rinderinsulin als Vergleichssubstanzen). Ebenfalls zum Vergleich wurden noch die beiden aromatischen Tenside Dimethyl-cetyl-benzyl-ammoniumchlorid und p-Nonylphenyl-nonaglykoläther verwandt.

4. Die Versuche zum direkten Nachweis der hydrophoben Bindungen wurden mit Hilfe der nahen Infrarotspektroskopie und der hochauflösenden Kernresonanzspektroskopie durchgeführt, die indirekten Beweise mit Hilfe der Ultraviolettspektroskopie.

5. Es wurde gefunden, daß Alkohole und sekundäre Amide in wäßriger Lösung noch nicht aggregieren. Bei Natrium-hexyl-sulfat, Natrium-octylsulfat und Natrium-decylsulfat treten oberhalb der kritischen Micellbildungskonzentration Rotverschiebungen von 3 bis 5 nm auf. Dies ist der erste direkte infrarotspektroskopische Nachweis hydrophober Bindungen bei Alkylsulfaten. Die Kleinheit des gemessenen Effektes bestätigt die Annahme von KAUZMANN, daß die Ausbildung von hydrophoben Bindungen ein Entropie-Effekt ist.

6. Insulinpeptide mit hydrophoben aromatischen Seitenketten verhalten sich beim Überführen von Wasser in eine 8-m-Harnstofflösung wie das geschützte Aminosäurederivat N-Acetyl-tyrosin-methylamid. Es tritt eine Rotverschiebung von 0,6 bis 0,7 nm auf. Kristallisiertes Rinderinsulin ergibt bereits eine für Proteine charakteristische Blauverschiebung von 0,4 nm. Das Buntesalz der B-Kette nimmt mit 0,2 nm Rotverschiebung eine Mittelstellung zwischen Insulin und Insulinpeptiden ein, während das Buntesalz der A-Kette mit 0,4 nm Rotverschiebung sich fast wie die Insulinpeptide bzw. N-Acetyl-tyrosin-methylamid verhält. Insulinpeptide liegen also in wäßriger Lösung noch nicht in Form von »hydrophoben Assoziaten« vor.

7. Mit Hilfe der beiden aromatischen Tenside Dimethyl-cetyl-benzyl-ammoniumchlorid und p-Nonylphenyl-nonaglykoläther konnte aber gezeigt werden, daß man prinzipiell auch bei niedermolekularen Modellsubstanzen Assoziationen durch Bandenverschiebungen nachweisen kann. Bei der Assoziation von p-Nonylphenyl-nonaglykoläther tritt oberhalb der kritischen Micellbildungskonzentration eine maximale Rotverschiebung von 2,5 nm auf; dies entspricht einer Denaturierungsblauverschiebung von 2,5 nm. Das Beispiel zeigt, daß man die bei Proteinen auftretenden Blauverschiebungen fast quantitativ mit Hilfe der Theorie der hydrophoben Bindungen erklären kann.

1. Einleitung:
Der Zusammenhang zwischen hydrophoben Bindungen und der nativen Proteinstruktur

Viele Proteine liegen in wäßriger Lösung in globulärer Konformation vor und entfalten sich erst beim Denaturieren. Es erhebt sich daher die Frage, weshalb diese Proteine in wäßriger Lösung in einer entropisch ungünstigen Form vorliegen und erst nach dem Denaturieren eine entropisch begünstigte Form annehmen.

PAULING und MIRSKY [1] nahmen an, daß Wasserstoffbrücken zwischen den Carbonamidgruppen für die globuläre Konformation der Proteine verantwortlich sind und glaubten, die reversible Proteindenaturierung mit Harnstoff komme dadurch zustande, daß Harnstoff zu den Peptidbindungen stärkere Wasserstoffbrücken ausbilde als Wasser und deshalb im Gegensatz zu Wasser die Wasserstoffbrücken zwischen den Peptidbindungen spalten könne. J. B. SPEAKMAN [2] wies auf die stabilisierende Wirkung von Ionenpaarbindungen zwischen sauren und basischen Aminosäureresten hin.

Die Theorie von PAULING wurde zuerst von SCHELLMAN widerlegt [3]. Inzwischen konnten KLOTZ und FRANZEN [3a] außerdem infrarotspektroskopisch zeigen, daß Wasserstoffbrücken zwischen zwei Carbonamidgruppen nicht stärker sind als die »gemischten« Wasserstoffbrücken zwischen Wasser und Carbonamidgruppen. Weiterhin ist bekannt, daß elektrostatische Wechselwirkungen in Lösungsmitteln mit hohen Dielektrizitätskonstanten sehr schwach sind; folglich läßt sich allein durch Ionenpaarbindungen auch nicht die Stabilisierung einer bestimmten Struktur von Proteinen in wäßriger Lösung erklären [4].

Nachdem die Theorien von PAULING und SPEAKMAN auf Grund dieser experimentellen Ergebnisse nicht mehr vertretbar waren, führte KAUZMANN [5] den Begriff der »hydrophoben Bindungen« in die Proteinchemie ein. Das Prinzip der hydrophoben Bindungen kann man mit Hilfe von zwei thermodynamischen Gleichungen veranschaulichen:

$$(1) \qquad \Delta G^\circ = \Delta H^\circ - T \Delta S^\circ$$

$$(2) \qquad \Delta G^\circ = - RT \ln K$$

($^\circ$ = Standardgrößen bei 298°K und 760 Torr)

Hierzu betrachten wir die Überführung eines Kohlenwasserstoffs (KW) aus einem organischen Lösungsmittel (Tetrachlorkohlenstoff) in eine wäßrige Lösung, z. B. durch Ausschütteln einer kohlenwasserstoffhaltigen Tetrachlorkohlenstofflösung mit Wasser:

$$(KW)_{CCl_4} \rightleftharpoons (KW)_{H_2O}$$

$$\frac{(KW)_{H_2O}}{(KW)_{CCl_4}} = K \text{ (Nernstscher Verteilungssatz)}$$

Zwei Ergebnisse dieses Versuchs sind wichtig:

a) Die Überführung ist exotherm; d. h. $\Delta H^\circ < 0$.

b) Obwohl $\Delta H^\circ < 0$ ist, wird nur wenig Kohlenwasserstoff in die wäßrige Lösung überführt; d. h. $K < 1$.

Mit Hilfe von Gl. (2) erkennen wir, daß $\Delta G^\circ > 0$ wird. Setzen wir nun diese beiden gefundenen Werte in Gl. (1) ein, dann muß $\Delta S^\circ < 0$ werden:

$$(1) \qquad \Delta G^\circ = \Delta H^\circ - T \Delta S^\circ$$

$$> 0 \qquad < 0 \rightarrow < 0$$

d. h. beim Lösen eines Kohlenwasserstoffs in Wasser nimmt die Ordnung des Systems zu; deshalb kommt die Überführung trotz exothermer Wärmetönung so schnell zum Stillstand.

Da nun Proteine 30–40% Aminosäurereste mit aliphatischen und aromatischen Kohlenwasserstoffseitenketten enthalten, nimmt KAUZMANN an, daß sich diese hydrophoben Seitenketten zu Micellen zusammenschließen, um so die Kontaktfläche mit dem Wasser zu reduzieren.

Bisher gibt es nur *einen* direkten Nachweis der hydrophoben Bindungen: die Röntgenstrukturanalyse des Myoglobins durch KENDREW et al. [6]. Danach sind beim Myoglobin alle Phenylalanin- und Methioninreste in das Molekülinnere gerichtet. Alle Lysin-, Arginin- und Asparaginsäurereste sind nach außen gewandt. Das Myoglobinmolekül ist dicht gepackt, und im Inneren des Moleküls befinden sich nur wenig Wassermoleküle. Da die lokale Dielektrizitätskonstante innerhalb der hydrophoben Bereiche geringer ist als die des Wassers, können sich hier nun auch Wasserstoffbrücken und Salzbrücken als proteinstabilisierende Nebenvalenzbindungen ausbilden. Man kann daher bei Proteinmolekülen nur noch eine Gesamtaussage über die Summe aller Nebenvalenzkräfte machen und keinen Einzelbetrag, z. B. den der hydrophoben Bindungen, separat bestimmen.

Die Ausbildung hydrophober Bindungen ist eine direkte Folge der ungünstigen Wechselwirkungen hydrophober Aminosäureseitenketten mit Wasser. Deshalb wird im folgenden Kapitel zuerst die Struktur des reinen Wassers und die Veränderung der Wasserstruktur bei Lösungen von Kohlenwasserstoffen diskutiert.

2. Bisherige Ergebnisse

2.1 Die Struktur des reinen Wassers

In jüngster Zeit sind in Zusammenhang mit den hydrophoben Bindungen neue Arbeiten über die Struktur des Wassers publiziert worden. Hervorzuheben ist die statistisch-thermodynamische Arbeit von NEMETHY und SCHERAGA [7], die sich bei ihren Rechnungen auf das »Cluster-Modell« von FRANK und WEN [8] stützen. Nach diesen Autoren existieren neben Assoziaten noch monomere H_2O-Moleküle, die mit den Assoziaten in einem dynamischen Gleichgewicht stehen (»flickering cluster«). In diesem System werden fünf verschiedene Arten von Wassermolekülen mit 4, 3, 2, 1 und 0 Wasserstoffbrücken unterschieden. Auf die Unterschiede der Energieniveaus der einzelnen Assoziationsstufen wenden NEMETHY und SCHERAGA das Prinzip der Äquidistanz an. Die Ergebnisse ihrer Rechnung stehen teilweise in krassem Widerspruch zu einigen experimentellen Daten: Sie finden mit ihrer Rechnung, daß bei $0°C$ in flüssigem Wasser der Anteil der freien OH-Gruppen 47% beträgt, während LUCK [9] mit Hilfe von NIR-Untersuchungen in Abhängigkeit von der Temperatur einen Wert von 9% findet; aus DK-Messungen in Abhängigkeit von der Temperatur leiten HAGGIS, HASTED und BUCHANAN [10] ebenfalls einen Wert von 9% ab. Man sieht also, daß beim Schmelzen des Eises nur ein geringer Bruchteil der Wasserstoffbrücken zerstört wird, was für alle Lösevorgänge in Wasser von großer Bedeutung ist.

2.2 Veränderungen der Wasserstruktur beim Lösen von Molekülen mit hydrophoben Seitenketten

Wie bereits in der Einleitung herausgestellt wurde, bewirken hydrophobe Reste eine Strukturerhöhung des Wassers. Dies ist aus einer Arbeit von FRANK und EVANS [11] bekannt, die das thermodynamische Verhalten von kohlenwasserstoffhaltigen wäßrigen Lösungen untersuchten und feststellten, daß beim Lösen von Kohlenwasserstoffen in Wasser eine starke Volumenkontraktion eintritt und die Lösung dem Lösungsmittel gegenüber eine stark erhöhte spezifische Wärme und Verdampfungswärme besitzt. Sie kamen zu dem Schluß, daß das Wasser beim Lösevorgang eine »Abkühlung« erfährt und prägten den Begriff der »Eisberge um die Kohlenwasserstoffmoleküle«, was etwa den Gashydraten entspricht. Die erhöhte spezifische Wärme sollte dazu nötig sein, die Eisberge zum Schmelzen zu bringen.

Diese Eisberghypothese wurde von KLOTZ [12] bei der Erklärung der hydrophoben Bindungen verwendet. Die apolaren Reste sollen in Lösung von einem »eisartigen Käfig« umgeben sein und sich nicht zu Micellen zuschließen. Die treibende Kraft zur Ausbildung der »Klotzschen« hydrophoben Bindungen ist ein Enthalpie-Effekt, da bei der »Eisbergbildung« Erstarrungswärme an die Umgebung abgegeben wird. Für globuläre Proteine helicaler Tertiärstruktur ist aber die These von KAUZMANN viel wahrscheinlicher, daß es sich um einen Entropie-Effekt handelt, da $\Delta S° \ll 0$ ist, während $\Delta H° \leq 0$ ist.

Bisher haben wir uns lediglich mit der Aussage begnügt, daß Kohlenwasserstoffe eine Strukturerhöhung des Wassers bewirken, aber noch nicht gesagt, welcher Art diese Strukturerhöhung ist. Nach den Theorien von NEMETHY und SCHERAGA [7] und von KLOTZ [12] soll die Zahl der Wasserstoffbrücken zunehmen, da das Wasser einen »eisartigeren Charakter« annimmt und mit sinkender Temperatur die Zahl der Wasserstoffbrücken zunimmt. Wasserstoffbrücken kann man besonders gut mit Hilfe der hochauflösenden Kernresonanzspektroskopie untersuchen: Da beim Erhitzen eine Depolymerisation eintritt, wird die diamagnetische Abschirmung der Protonen geringer, und das NMR-Signal wird zur höheren magnetischen Feldstärke – zum »Dampfförmigen« hin – verschoben.

CLIFFORD und PETHICA [13] untersuchten wäßrige Lösungen der Na-Alkylsulfate mit Alkylresten von C_2 bis C_{12} und stellten dabei überraschend fest, daß ab C_4 eine Verschiebung des Wassersignals zum »Dampfförmigen« hin erfolgt und nicht, wie nach den bisher diskutierten Vorstellungen [7, 12] zu erwarten wäre, zum »Eisartigen«. Zu ähnlich überraschenden Ergebnissen kommen HERTZ und SPALTHOFF [14], die nach derselben Methode wäßrige Lösungen von Tetraalkylammoniumsalzen untersuchten. Zur Klärung dieses scheinbaren Widerspruchs haben HERTZ und ZEIDLER [15] mit Hilfe der Spin-Echo-Technik die Umorientierungszeiten der Wassermoleküle (D_2O) in Lösungen von Tetraalkylammoniumsalzen, fettsauren Salzen, Fettsäuren, Alkoholen, Ketonen und Nitrilen gemessen und festgestellt, daß die Umorientierungszeiten der D_2O-Moleküle in unmittelbarer Nähe von Alkylresten zunehmen. So ist also experimentell sichergestellt, daß diese Wassermoleküle einen Teil ihrer Bewegungsenergie verlieren. Es ist möglich, daß tatsächlich eine Depolymerisation eintritt, aber durch Einlagerung des Alkylrestes die Bewegungsenergie der depolymerisierten Wassermoleküle geringer ist als die der assoziierten Moleküle, die sich nicht in der Nähe eines Alkylrestes befinden, oder die Zahl der Wasserstoffbrücken nimmt zwar zu, aber die Wasserstoffbrücken sind nicht tetraedrisch angeordnet und haben einen »kovalenteren Charakter« als normale Wasserstoffbrücken [15].

2.3 Modellversuche zur Deutung der Proteinstabilität in wäßriger Lösung

Da die Paulingsche Deutung [1] der Denaturierung von Proteinen in Harnstofflösungen nicht mehr zutreffend ist, versucht man diese Denaturierung anders zu erklären. WET-LAUFER [16] et al. bestimmten aus Löslichkeitsmessungen die freien Überführungs-enthalpien von 8 reinen Kohlenwasserstoffen von Wasser zu einer 7-m-Harnstoff- und einer 4,9-m-Guanidinhydrochlorid-Lösung

$$\Delta G_t \approx + RT \ln \frac{(KW)_{H_2O}}{(KW)_{Urea}}$$

(Aktivitätskoeffizienten werden vernachlässigt)
Da Kohlenwasserstoffe in einer 7-m-Harnstoff-Lösung bedeutend besser löslich sind als in Wasser, wird $\Delta G_t \ll 0$, und WETLAUFER schließt daraus, daß die Denaturierung in demselben Maß durch die günstige Solvatisierung der hydrophoben Reste in Harn-stofflösungen zustande kommt wie durch die Solvatisierung der »eingegrabenen« polaren Gruppen.
Ähnliche Löslichkeitsstudien nahmen TANFORD et al. [17–19] an Aminosäuren und Peptiden vor und berechneten den Beitrag der hydrophoben Seitenketten, indem sie vom gefundenen Wert den Wert des Glycins subtrahierten. Auf Grund dieser Unter-suchungen kommt TANFORD zu dem Schluß, daß man die Stabilität von globulären Proteinen in wäßriger Lösung schon allein mit den hydrophoben Bindungen erklären kann, ohne die noch zusätzlich vorhandenen Wasserstoffbrücken, Salzbrücken und Cystinbrücken zu berücksichtigen.
Wie neuere Untersuchungen von ROBINSON und JENCKS [20] gezeigt haben, ist diese Annahme etwas gewagt. Sie bestimmten die Löslichkeit von Acetyltetraglycinäthylester in Wasser, Äthanol und Harnstofflösungen und fanden, daß nur in Harnstofflösungen eine Löslichkeitserhöhung gegenüber Wasser auftrat. Ihrer Ansicht nach wird die Denaturierung von Proteinen in Harnstofflösung primär von einem »nichthydrophoben« Effekt hervorgerufen.
Am wahrscheinlichsten dürfte wohl doch die Annahme von WETLAUFER sein, daß beide Effekte nahezu im gleichen Maße für die Denaturierung verantwortlich sind.

2.4 Indirekte Nachweise der hydrophoben Bindungen

2.41 Globulärproteine

Neben dem einzigen Nachweis der hydrophoben Bindungen durch KENDREW et al. gibt es noch viele indirekte Nachweise, die sich auf durch hydrophobe Bindungen ver-ursachte Sekundäreffekte stützen. Die Eigenschaften funktioneller Gruppen sind von der Dielektrizitätskonstanten ihrer Umgebung abhängig. Wenn diese Gruppen in hydrophobe Bereiche eingeschlossen sind, treten viele Anomalien auf.

2.411 Verschiebungen der pK-Werte

Rinderpankreas-Ribonuclease besitzt sechs Tyrosinreste: 3 phenolische OH-Gruppen haben einen normalen pK-Wert von ~ 10, während der scheinbare pK-Wert der rest-lichen OH-Gruppen über 12 liegt. Beim Ovalbumin kommt dies noch besser zum Ausdruck; hier lassen sich von neun Tyrosingruppen nur zwei normal titrieren (Neu-berger-Crammer-Effekt [21]).
Nun weiß man, daß Wasserstoffbrücken und elektrostatische Effekte ebenfalls pK-Verschiebungen bewirken können. TANFORD [22] nimmt aber an, daß es sich dann um

einen hydrophoben Effekt handelt, wenn der pK-Wert über 12 liegt und die OH-Gruppen nur unter irreversibler Denaturierung des Proteins titriert werden können, wie es bei den obigen Beispielen der Fall ist.

2.412 Unvollständiger Deuteriumaustausch

Auch der unvollständige Deuteriumaustausch bei Ribonuclease wird auf hydrophobe Bindungen zurückgeführt. Von den austauschbaren Wasserstoffatomen (OH, NH) werden unter Normalbedingungen 20 nicht ausgetauscht, wie HERMANS und SCHERAGA [23] infrarotspektroskopisch durch Messung der ersten NH-Oberschwingung feststellten. Diese 20 Atome befinden sich im Inneren des Moleküls und sind für D_2O unzugänglich. Erst oberhalb der Umwandlungstemperatur werden auch diese 20 Wasserstoffatome ausgetauscht.

2.413 Erniedrigung der Umwandlungstemperatur der Ribonuclease

Die Umwandlungstemperatur der Ribonuclease wird durch Alkoholzusatz zur wäßrigen Lösung erniedrigt. Je größer die Kettenlänge des Alkohols ist, desto wirksamer ist er [24]. In 25%iger propanolischer Lösung wird Ribonuclease bereits bei 35°C tryptisch und chymotryptisch verdaut, während die Verdauung in rein wäßriger Lösung erst bei 60°C erfolgt [25].

2.414 Löslichkeit von Kohlenwasserstoffen in wäßrigen Proteinlösungen

Eine weitere Stütze für die These der hydrophoben Bindungen ist die erhöhte Löslichkeit von Butan und Pentan in einer wäßrigen Rinderserumalbuminlösung gegenüber dem reinen Wasser; die Kohlenwasserstoffe werden in die hydrophoben Bereiche eingelagert. Das Löslichkeitsverhältnis ist nahezu temperaturunabhängig; d. h. die Überführungsenthalpie der Kohlenwasserstoffe von Wasser in die hydrophoben Bereiche ist nahezu Null. Dies beweist wieder die Richtigkeit der Kauzmannschen Annahme, daß die Ausbildung der hydrophoben Bindungen ein Entropie-Effekt ist (WISHNIA [26]). Weiterhin haben WISHNIA und PINDER [27] die Butanlöslichkeit in Abhängigkeit vom pH-Wert untersucht und gefunden, daß die sogenannte F-Form des Rinderserumalbumins, die sich bei pH 4,1 bildet, nur $\frac{1}{4}$ der Butanmenge aufnimmt wie die native Form; die Gaslöslichkeit ist also stark konformationsabhängig und kann zum Studium von Denaturierungsvorgängen angewandt werden.

2.415 Denaturierungsstudien von Proteinen im Ultraviolettbereich

Bei der Denaturierung von Proteinen treten Blauverschiebungen auf, die sich besonders stark bei der Tyrosinbande bemerkbar machen. Für das Auftreten dieser Verschiebungen gab es bisher zwei verschiedene Theorien:

1. H-Brücken vom Tyrosinrest zu einer benachbarten Carboxylgruppe, die beim Denaturieren zerstört werden [28].
2. Änderung der Dipol-Dipol-Wechselwirkungen [29, 30].

WETLAUFER [30] konnte zeigen, daß sich O-Methyltyrosin beim Überführen von Wasser in eine 8 m wäßrige Harnstofflösung genauso verhält wie Tyrosin: beide Male erhielt er eine geringe Rotverschiebung. Dies zeigt, daß H-Brücken zwischen den phenolischen OH-Gruppen und den Carboxylgruppen nicht die einzige Ursache für die bei Proteinen beobachteten Verschiebungen sein können. WETLAUFER glaubt, daß hierfür Dipol-Dipol-Wechselwirkungen verantwortlich sind.

BIGELOW und GESCHWIND [31] sowie YANARI und BOVEY [32] zeigten durch Untersuchungen an Benzol, Phenol und Indol, daß eine Erhöhung der Brechungsindices der

Lösungsmittel Rotverschiebungen der Absorptionsmaxima bewirkt. YANARI und BOVEY glauben, daß sich durch die Wechselwirkung der Modellsubstanzen mit dem Lösungsmittel die Stabilisierungszustände in angeregtem Zustand ändern.

Beim Denaturieren von Proteinen werden die aromatischen Reste aus den hydrophoben Bereichen mit einer hohen Polarisierbarkeit (großem Brechungsindex) in die wäßrige Lösung überführt, die eine geringere Polarisierbarkeit besitzt. YANARI und BOVEY verwerfen WETLAUFERS Theorie der Dipol-Dipol-Wechselwirkungen und sind der Ansicht, daß für die Blauverschiebungen hydrophobe Bindungen und H-Brücken verantwortlich sind.

Denaturierungseffekte bei Proteinen lassen sich gut mit der Differenzspektroskopie verfolgen. Bei Untersuchungen von Modellsubstanzen besitzt diese Methode aber einen großen Nachteil: Bandenverbreiterungen in einem anderen Lösungsmittel erzeugen auch schon Differenzspektren (YANARI und BOVEY [32]).

2.416 Denaturierungsstudien von Proteinen mit Hilfe der hochauflösenden Kernresonanzspektroskopie

Nach KOWALSKY [33] kann die Denaturierung an Proteinen auch NMR-spektroskopisch studiert werden. Beim Denaturieren erzielt man eine höhere Auflösung des Spektrums, weil im denaturierten Zustand die Beweglichkeit der Seitenketten größer ist als im nativen Zustand und deshalb die Dipol-Dipol-Wechselwirkungen, die im NMR-Spektrum eine Signalverbreiterung bewirken, abnehmen.

2.42 Faserproteine

Kürzlich konnten H. ZAHN et al. [34] und MAC LAREN [35] zeigen, daß hydrophobe Wechselwirkungen auch bei unlöslichen Faserproteinen eine Rolle spielen.

Bei Wolle verlaufen Sulfitolyse und Carboxymethylierung in Alkohol-Wasser-Gemischen schneller als in reinem Wasser [34]. In alkoholischen Lösungen wird die Schrumpfungstemperatur von Kollagenfolien herabgesetzt [34]. Die Wirksamkeit der Alkohole nimmt mit steigender Kettenlänge zu; geradkettige Alkohole haben eine größere Wirksamkeit als verzweigte. Bei etwa 20 Vol-% Alkohol erreicht die Schrumpfungstemperatur ein Minimum, steigt dann rasch wieder an und ist in reinem Alkohol höher als in reinem Wasser: in Alkohol-Wasser-Gemischen sind hydrophobe Bindungen bedeutend schwächer als in reinem Wasser, weil die Wasserstruktur zerstört wird, während in reinem Alkohol die Wasserstoffbrücken und Salzbrücken wegen der geringen Dielektrizitätskonstanten des Quellmediums ihre maximale Stärke erreichen.

Bei feuchtem Kollagen zeigt das Wassersignal im NMR-Spektrum eine Winkelabhängigkeit, was auf eine teilweise Orientierung der Wassermoleküle entlang der Faserachse schließen läßt [36]; dies entspricht also in erster Näherung der Eisberg-Theorie von KLOTZ.

Auch bei ähnlichen Untersuchungen an Wolle [37] findet man Wassermoleküle mit verschiedenen Beweglichkeiten.

2.43 Bisherige Untersuchungen an Tensiden

Tenside stabilisieren die native Proteinstruktur. MEYER und KAUZMANN [38] fanden, daß eine 0,5%ige Na-Dodecylsulfatlösung den Helixgehalt von Ovalbumin in reiner 6-m-Harnstofflösung erhöht.

Wenn man zu einer wäßrigen Lösung von Benzol soviel aliphatisches Tensid gibt, daß die kritische Micellbildungskonzentration überschritten wird, erhält man eine Rotverschiebung der aromatischen UV-Absorptionsbanden [32], weil ein Teil der Benzolmoleküle in die Micellen wandert und dort ähnlich abgeschirmt ist wie im Innern eines Proteinmoleküls. Genau denselben Effekt kann man auch kernresonanzspektroskopisch [39, 40] nachweisen. Mit dieser Methode gelingt es, die mittlere Verweilzeit der Benzolmoleküle in den Micellen zu bestimmen [40]. Außerdem kann man aus der relativ geringen Linienbreite der Tensidsignale schließen, daß die Umorientierungszeiten der Tensidmoleküle innerhalb der Micellen gering sind [39]. Hierin unterscheiden sich also Proteinmoleküle und Micellen; im Proteinmolekül sind die Seitenketten fest verankert, so daß man auch ein sehr schlecht aufgelöstes NMR-Spektrum erhält [33]. Wenn man eine 0,8 m wäßrige Lösung von 1,3-Naphthalindiol auf das Vierfache verdünnt, dann verschieben sich die Protonensignale des gelösten Stoffes um 10–20 Hz zur niederen Feldstärke. Nach HAND und COHEN [41] ist dies ein spektroskopischer Beweis für das Vorhandensein von hydrophoben Bindungen, weil beim Verdünnen eine teilweise Depolymerisation der hydrophoben Aggregate eintritt.

2.5 Kritische Betrachtung der bisherigen Ergebnisse

Die jetzige Form der Theorie der hydrophoben Bindungen ist voller Widersprüche. Diese beginnen bereits bei der Frage nach der treibenden Kraft zur Ausbildung der hydrophoben Bindungen. Nach KAUZMANNS Ansicht – die sich immer mehr durchsetzt – ist die Ausbildung von hydrophoben Bindungen ein Entropie-Effekt; KLOTZ hingegen glaubt, es handele sich um einen Enthalpie-Effekt.

Bei der Bestimmung der Struktur des reinen Wassers kommen NEMETHY und SCHERAGA auf Grund rechnerischer Überlegungen zu dem Schluß, daß in flüssigem Wasser bei $0\,^{\circ}\mathrm{C}$ 47% freie OH-Gruppen vorliegen, während die meisten experimentellen Methoden Werte von $\sim 10\%$ ergeben.

Weiterhin kommen NEMETHY und SCHERAGA zu dem Schluß, daß die Zahl der Wasserstoffbrücken im Wasser um einen Kohlenwasserstoffrest zunimmt. Im NMR-Spektrum findet man aber, daß das Wassersignal zum »Dampfförmigen« hin verschoben wird. Außer dem einzigen direkten Nachweis der hydrophoben Bindungen am Myoglobin durch KENDREW gibt es nur indirekte Nachweise. Der kernresonanzspektroskopische Nachweis der hydrophoben Bindungen durch COHEN und HAND ist kein direkter Nachweis. Es ist bekannt, daß beim Verdünnen von Lösungen von Aromaten in nichtaromatischen Lösungsmitteln auf Grund des Ringstromeffektes Verschiebungen zur niederen Feldstärke hin erfolgen.

Auch die indirekten spektroskopischen Nachweise im Ultraviolettbereich sind nicht frei von störenden Nebeneffekten: hydrophobe Effekte, Wasserstoffbrücken und Dipol-Dipol-Wechselwirkungen überlagern sich gegenseitig. Man kann zwar mit ziemlicher Gewißheit sagen, daß bei Proteinen der hydrophobe Effekt eine Rolle spielt, aber man weiß nicht, wie groß sein Anteil am Gesamteffekt ist.

In dieser Arbeit soll versucht werden, mit Hilfe der nahen Infrarotspektroskopie und der Kernresonanzspektroskopie an einfachen Modellsubstanzen hydrophobe Bindungen direkt nachzuweisen.

Weiterhin soll im Ultraviolettbereich untersucht werden, ob Peptide mit hydrophoben aromatischen Aminosäureresten sich spektroskopisch bereits wie Proteine verhalten oder eher wie geschützte aromatische Aminosäuren.

3. Ausgangspunkt dieser Arbeit

Im Arbeitskreis von H. ZAHN sind einige Peptide synthetisiert worden, deren anomales Verhalten bereits als hydrophober Effekt gedeutet wurde. Die Peptide Glutamyl-asparagyl-tyrosin (FAHNENSTICH [42]) und Glycyl-phenylalanyl-phenylalanyl-tyrosin (LA FRANCE [43]) besitzen phenolische OH-Gruppen, deren pK-Wert 10,7 an Stelle von 10,0 beträgt. Die Erhöhung des pK-Wertes wurde so gedeutet, daß diese Gruppen in hydrophobe Bereiche eingegraben sind. Wenn diese Ansicht stimmt, müssen bei diesen Peptiden beim Überführen von Wasser in eine 8 m wäßrige Harnstofflösung im UV-Spektrum Blauverschiebungen auftreten. Da diese Peptide äußerst schwer wasserlöslich sind, können nur Untersuchungen im Ultraviolettbereich durchgeführt werden.

Weiterhin soll versucht werden, in wäßrigen Lösungen von sekundären Amiden, Alkoholen und Tensiden die Ausbildung von hydrophoben Bindungen direkt nachzuweisen. Bereits bei Alkohol-Wasser-Gemischen findet man im Partialdruckdiagramm positive Abweichungen von den Raoultschen Geraden, die F. H. MÜLLER [44] als »Entmischungserscheinungen im Molekularbereich« deutet. Wenn die aliphatischen Reste von Alkoholen bereits aggregieren, so muß sich dieser Effekt infrarotspektroskopisch und kernresonanzspektroskopisch nachweisen lassen. Bei Assoziationen treten im IR-Spektrum normalerweise Rotverschiebungen auf. Da die Ausbildung von hydrophoben Bindungen mit einer Assoziation verglichen werden kann, sollten ebenfalls Rotverschiebungen der CH-Banden auftreten, die aber verglichen mit den Rotverschiebungen, welche man bei der Ausbildung von Wasserstoffbrücken beobachtet, nur sehr gering sein können, weil die Ausbildung hydrophober Bindungen ein Entropie-Effekt ist und die intermolekulare Wechselwirkung der hydrophoben Reste sehr schwach ist.

Um festzustellen, ob die beiden spektroskopischen Untersuchungsmethoden empfindlich genug sind, überhaupt Micellbildungen direkt (durch Veränderung der CH-Banden) nachzuweisen, müssen zur Kontrolle aliphatische Tenside mit einer definierten Kettenlänge und einer großen kritischen Micellbildungskonzentration unterhalb und oberhalb der kritischen Micellbildungskonzentration untersucht werden.

4. Grundlagen der hier angewandten spektroskopischen Untersuchungsmethoden

4.1 Nahe Infrarotspektroskopie

Der nahe Infrarotbereich (NIR) erstreckt sich von 0,8 bis 2,6 μ und enthält hauptsächlich die Ober- und Kombinationsschwingungen der CH-, OH- und NH-Gruppen.

Ober- und Kombinationsschwingungen entstehen nur dann, wenn die entsprechenden Grundschwingungen nicht harmonisch sind. Speziell die XH-Schwingungen sind stark anharmonisch, weil ihre Amplituden wegen der geringen Masse des H-Atoms sehr groß sind.

Nach KAYE [45] kann die Frequenz einer Oberschwingung näherungsweise aus folgender Gleichung berechnet werden:

$$\nu_v = v \, \nu_0 \, (1 - v \, x)$$

ν_v = gemessene Frequenz der Oberschwingung
  (v = 2: 1. Oberschwingung;
   v = 3: 2. Oberschwingung)
ν_0 = Frequenz der Grundschwingung
x = Anharmonizitätskonstante.
  Sie besitzt immer positive Werte: für CH-Schwingungen in der Größenordnung von 0,01 bis 0,05 (GAUTHIER [46]).

Kombinationsschwingungen sind die Summe oder die Differenz zweier oder mehrerer Grundschwingungen, und sie treten nur dann auf, wenn die beiden Gruppen mindestens ein gemeinsames Atom besitzen oder durch eine Mehrfachbindung miteinander gekoppelt sind. Eine Zusammenfassung für sekundäre Amide befindet sich u. a. bei HECHT und WOOD [47]: für NH-Banden werden Zuordnungen angegeben, für CH-Banden lediglich der Schwingungsbereich, in dem sie vorkommen.

Oberschwingungen besitzen viel geringere Intensitäten als ihre Grundschwingungen. Die 1. Oberschwingung besitzt normalerweise $^1/_{100}$ der Intensität der Grundschwingung und die 2. Oberschwingung $^1/_{100}$ der Intensität der 1. Oberschwingung. Deshalb kann man mit größeren Schichtdicken arbeiten, was die Probenpräparation wesentlich vereinfacht. Besonders günstig ist dieser Bereich zum Studium von Wasserstoffbrücken, weil man als Lösungsmittel Tetrachlorkohlenstoff verwenden kann, dessen Eigenabsorption in diesem Bereich sehr gering ist, so daß man mit 10 cm Schichtdicke arbeiten kann. Bereits weniger günstig sind die Bedingungen, wenn man Wasser oder schweres Wasser als Lösungsmittel verwendet, weil deren Eigenabsorption in diesem Bereich relativ groß ist. Für unsere Untersuchungen sind wir aber unbedingt auf diese beiden Lösungsmittel angewiesen. Selbst wenn das geringer absorbierende schwere Wasser als Lösungsmittel verwendet wird, ist es zweckmäßig, maximale Schichtdicken von 1 cm zu wählen, weil sonst die Spaltbreite zu groß wird und die Banden des gelösten Stoffes zu breit werden oder gar nicht mehr in Erscheinung treten.

4.2 Ultraviolettspektroskopie

Im Gegensatz zu Infrarotspektren sind Ultraviolettspektren Elektronenspektren. In der Proteinchemie wird die Ultraviolettspektroskopie hauptsächlich zur Bestimmung der aromatischen Aminosäurereste angewandt. Auch in diesem Frequenzbereich kann man Lösungsmitteleffekte und inter- bzw. intramolekulare Assoziationen untersuchen. Hierbei können sowohl Rotverschiebungen als auch Blauverschiebungen auftreten.
Diese Verschiebungen können verschiedene Ursachen haben. Bisher wurden folgende Theorien diskutiert:
1. Änderung der Wasserstoffbrücken [28];
2. Änderung der Dipol-Dipol-Wechselwirkungen [29, 30];
3. Änderung der Brechungsindices der Lösungsmittel [31, 32].

Wahrscheinlich spielen alle drei Faktoren eine Rolle (vgl. Kapitel 2.415).

4.3 Kernmagnetische Resonanzspektroskopie

Mit Hilfe der hochauflösenden Kernresonanzspektroskopie können ebenfalls Lösungsmitteleffekte und Assoziationserscheinungen untersucht werden. Bei einer reinen flüssigen Substanz hängt die Lage eines Resonanzsignals von der Elektronendichte um den entsprechenden Kern ab.

Lösungsmitteleffekte können drei Ursachen haben:

1. Lösungsmittel und gelöster Stoff besitzen eine verschiedene Volumensusceptibilität.
2. Intermolekulare Wechselwirkungen zwischen Lösungsmittel und gelöstem Stoff und des gelösten Stoffes mit sich selbst.
3. Ringstromeffekte: Bei Lösungen von aromatischen Substanzen in nichtaromatischen Lösungsmitteln tritt auf Grund des Ringstromeffektes immer eine Verdünnungsverschiebung zur niederen Feldstärke ein, weil beim Verdünnen der Abstand zwischen den Molekülen des gelösten Stoffes größer wird und die Wechselwirkung der aromatischen Kerne untereinander geringer wird.

Bei einer Micellbildung von aliphatischen Resten muß aber ebenfalls eine Verschiebung eintreten. Unterhalb der kritischen Micellbildungskonzentration sind die aliphatischen Reste von Wassermolekülen umgeben und oberhalb der kritischen Micellbildungskonzentration von ihresgleichen. Bei aliphatischen gesättigten Kohlenwasserstoffen ist die Elektronendichte um die Protonen größer als bei Wasser; deshalb erscheinen die Signale der Kohlenwasserstoffe bei höheren Feldstärken als das Wassersignal. Bei einer Micellbildung wird diese Abschirmung noch verstärkt, und die Signale müssen theoretisch bei noch höheren Feldstärken erscheinen. Auch aus der Signalbreite kann man Rückschlüsse auf Assoziationen ziehen [33, 39].

5. Experimenteller Teil

5.1 Apparate

Sowohl die NIR- als auch die UV-Spektren wurden mit einem Beckman-DK-2-Spektralphotometer aufgenommen, einem Zweistrahlgerät, das linear zur Wellenlänge registriert.

Eichmessungen mit Benzoldampf ergaben, daß das Gerät im UV-Bereich eine Wellenlängengenauigkeit von $\pm$ 0,1 nm besitzt. Im Bereich von 1600 bis 1800 nm wurde mit 1,2,4-Trichlorbenzol (λ_{max} 1660,6 nm) geeicht. Bei diesen Eichmessungen zeigte sich, daß das Gerät erst 6–8 Stunden nach dem Einschalten das Absorptionsmaximum des Standards konstant anzeigte. Entscheidend für unsere Messungen war nicht die absolute Wellenlängengenauigkeit des Gerätes, sondern lediglich die Wellenlängenkonstanz während der Meßdauer einer Verdünnungsreihe. Vorversuche hatten ergeben, daß die Effekte, die beim Verdünnen auftraten, sehr gering waren. Deshalb wurde gleichzeitig mit jeder zu messenden Probenküvette (0,2–1 cm Schichtdicke) eine 1-mm-Küvette mit 1,2,4-Trichlorbenzol als Standard in den Probenkanal gebracht; dieser Standard besitzt ein starkes Absorptionsmaximum bei 1660,6 nm und zwei sehr schwache Absorptionsmaxima bei 1690 und 1740 nm, die in sehr verdünnten Lösungen stören. Deshalb wurde bei den Tensidlösungen eine in Tetrachlorkohlenstoff verdünnte Standardlösung verwandt. Die erzielte Meßgenauigkeit betrug $\pm$ 1 nm.

Im Kombinationsschwingungsbereich war es nicht möglich, gleichzeitig mit einem Standard zu messen, da der Standard hier zuviel eigene Absorptionsbanden besitzt.

Hier wurde beim Registrieren einer Verdünnungsreihe zuerst die verdünnteste Lösung, dann die konzentrierteste Lösung, hierauf die zweitverdünnteste und zweitkonzentrierteste Lösung aufgenommen, so daß sich eventuell auftretende Wellenlängenungenauigkeiten des Gerätes sofort bemerkbar gemacht hätten.

Die Kernresonanzspektren wurden mit einem Varian A-60-Gerät registriert.
Meßtemperatur im Probenraum: 36–37° C.

5.2 Substanzen

Das freie Tripeptid Leucyl-tyrosyl-leucin wurde nach einer Vorschrift von GILLESSEN [48] synthetisiert.

Folgende sekundäre Amide wurden durch Acetylieren der entsprechenden Amine mit Essigsäureanhydrid hergestellt (MOELLER [49]).

N-Propylacetamid	Kp 110–112°/12 mm Hg
N-Butylacetamid	Kp 116–117°/12 mm Hg
N-Amylacetamid	Kp 125–126°/12 mm Hg
N-Hexylacetamid	Kp 130–132°/12 mm Hg

Durch Schotten-Baumann-Reaktion aus den Aminen durch Umsetzen mit dem Säurechlorid (MOELLER [49])

N-Methylpropionamid	Kp 112–113°/14 mm Hg
N-Äthylpropionamid	Kp 125–127°/10 mm Hg
N-Propylpropionamid	Kp 129–130°/14 mm Hg

N-Methylacetamid und N-Äthylacetamid waren Fluka-Produkte und wurden vor den Messungen noch zweimal über eine Kolonne destilliert:

N-Methylacetamid	Kp 107–109°/12 mm Hg
	Fp 26– 27°
N-Äthylacetamid	Kp 108–110°/14 mm Hg

Alle Amide enthielten weniger als 0,5% Wasser.

Dies wurde sowohl NMR-spektroskopisch als auch NIR-spektroskopisch an der 1,9-μ-Bande nachgewiesen. Alle verwendeten Alkohole waren rein für chromatographische Zwecke und ergaben im NMR-Spektrum ein OH-Triplett; deshalb wurden sie nicht weiter gereinigt.

Die Tenside stammten von der Firma Henkel & Cie. GmbH, Düsseldorf.

Das kristallisierte Rinderinsulin war ein Produkt der Farbwerke Hoechst.

Die Buntesalze der A- und B-Kette, Acetyl-tyrosin-methylamid [50, 51], alle verwendeten Peptide und N-vicinal deuteriertes Diacetylhexamethylendiamin bzw. nicht deuteriertes Diacetylhexamethylendiamin wurden in unserem Institut hergestellt.

Dank

Folgenden Herren des Instituts danke ich herzlich für die Überlassung von Modellsubstanzen:

Dr. G. HEIDEMANN: Diacetylhexamethylendiamin und N-vicinal deuteriertes Diacetylhexamethylendiamin

Dr. H. KLOSTERMEYER: Phe-Phe-Tyr(Bu^t) und 2 CF$_3$COOH · Phe-Phe-Tyr-Thr-Pro-Lys-Ala

Dr. E. Th. J. Fölsche: Z-Glu(OBu^t)-Asn-Tyr-Cys(BZL)-Asn

Dr. G. Reinert: N-Acetyl-tyrosin-methylamid

Dr. B. Gutte und Dipl. Chem. R. Krüger: S-Sulfo-A-Kette und S-Sulfo-B-Kette (Buntesalze) des Rinderinsulins

5.3 Meßmethoden zur Bestimmung der Verschiebungen der CH$_2$-Banden der Carbonamide, Alkohole und Tenside im nahen Infrarotbereich

Von den sekundären Amiden wurden Spektren der reinen Stoffe und von Verdünnungsreihen mit Wasser aufgenommen. Vorversuche ergaben beim Verdünnen Verschiebungen der CH-Banden. Um die Wechselwirkungen der Amidgruppe mit dem Wasser eliminieren zu können, wurde die homologe Reihe N-Äthylacetamid, N-Propylacetamid und N-Butylacetamid gemessen (N-Amylacetamid und N-Hexylacetamid sind nicht mehr wasserlöslich).

Von den Propionamiden wurde noch N-Methylpropionamid untersucht. N-Äthylpropionamid ist ebenfalls noch wasserlöslich, während das System N-Propylpropionamid/Wasser bereits eine große Mischungslücke aufweist.

Gemessen wurde bei 25, 50 und 75°C. Hierzu besitzt das Spektralphotometer einen heizbaren Küvettenhalter. Temperaturgenauigkeit: $\pm$ 1°C.

Wasser besitzt im Bereich von 1800 bis 1600 nm bereits eine große Eigenabsorption, daher müssen die Lösungen mindestens noch 10–20 Mol-% Amid enthalten. Da es wünschenswert war, auch verdünntere Lösungen zu messen, wurden die verdünnten Amidlösungen auch noch in schwerem Wasser untersucht, dessen Eigenabsorption in diesem Bereich wesentlich geringer ist.

Um zu zeigen, daß die in den Vorversuchen erhaltenen Verschiebungen der CH-Banden wirklich durch Wasser hervorgerufen werden, wurde von allen Amiden eine 5%ige

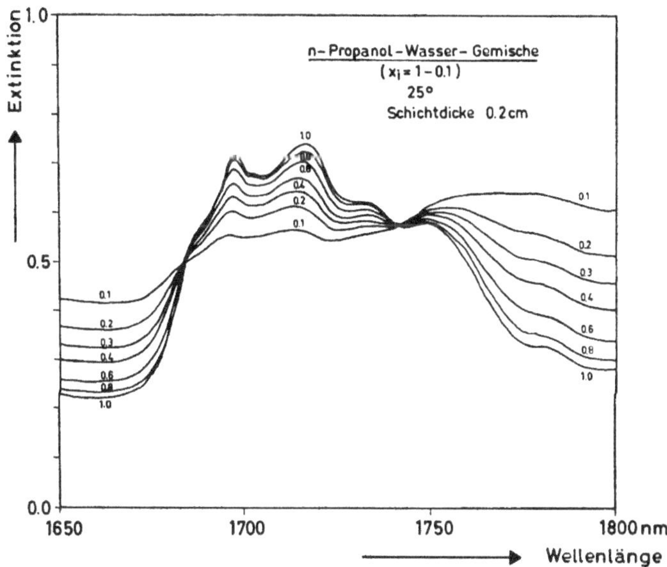

Abb. 1 NIR-Spektren von wäßrigen n-Propanollösungen verschiedener Konzentration mit zwei isosbestischen Punkten
Lösungsmittel nicht kompensiert

Lösung in Tetrachlorkohlenstoff mit den reinen Substanzen verglichen: Die Lage aller Banden bleibt konstant.

Im CH-Oberschwingungsbereich haben die CH-Banden und die starke OH-Untergrundabsorption einen entgegengesetzten Absorptionsverlauf. Dies führt zur Ausbildung von isosbestischen Punkten, die aber nur dann auftreten, wenn die Wellenlängenkonstanz des Gerätes während der Meßdauer der Verdünnungsreihe erhalten bleibt (Abb. 1).

Um diese isosbestischen Punkte erhalten zu können, sind die wäßrigen Amidlösungen nur mit einer leeren Küvette kompensiert worden. Durch Hinzufügen der Standardküvette werden die Banden des Alkohols in den verdünnten Lösungen am meisten beeinträchtigt und gehen nicht mehr durch den isosbestischen Punkt, da ihr Verlauf durch die Untergrundabsorption des Standards am meisten beeinflußt wird.

Der entgegengesetzte Absorptionsverlauf der CH-Banden und der OH-Untergrundabsorption führt dazu, daß die schwache CH_2-Bande bei 1760 nm beim Verdünnen mit Wasser in allen Spektren größer und breiter wird; vgl. Abb. 5.

Dieser Effekt bleibt in schwerem Wasser aus; deshalb liefert die Verschiebung dieser Bande nur in schwerem Wasser brauchbare Werte.

Alle Tensidlösungen wurden in schwerem Wasser bei 25°C untersucht. Das Lösungsmittel wurde kompensiert. Im Oberschwingungsbereich wurde mit Standard gemessen.

6. Ergebnisse eigener Messungen

6.1 Verdünnungsreihen von sekundären Amiden in Wasser und schwerem Wasser zur Bestimmung der Verschiebungen von CH-Banden

6.11 Zuordnung der CH-Banden im Ober- und Kombinationsschwingungsbereich

Aus einer früheren Arbeit ist bekannt, daß sich die CH-Oberschwingungen im Bereich von 1600–1800 nm und die NH-Oberschwingungen unterhalb von 1600 nm befinden. Der CH-Kombinationsschwingungsbereich erstreckt sich von 2200–2600 nm [47].

Bei den Amiden treten im CH-Oberschwingungsbereich vier Hauptbanden auf: 1690, 1700, 1725 und 1750 nm.

Beim Vergleich der Spektren von N-Butylacetamid bis N-Hexylacetamid (Abb. 2) erkennt man, daß die Intensität der Banden bei 1725 und 1750 nm zunimmt, während gleichzeitig eine Intensitätsverminderung der Banden bei 1690 und 1700 nm eintritt. Bei den ersten Schwingungen handelt es sich also um Methylengruppenschwingungen und bei den letzten um Methylgruppenschwingungen. Die Methylgruppenbande bei 1690 nm fehlt bei den Alkoholen (Abb. 3), d. h. dies ist die Bande der CO-vicinalen CH_3-Gruppe.

Bei N-Propylacetamid treten auch noch beide CH_3-Banden separat auf. N-Äthylacetamid hingegen besitzt lediglich Banden bei 1687, 1732 und 1761 nm, was vermuten läßt, daß beide CH_3-Banden der 1687-nm-Bande unterlagert sind. Dies wurde durch Vergleich der Spektren von N-Äthylacetamid und N-Äthyltrichloracetamid bestätigt (Abb. 4).

18

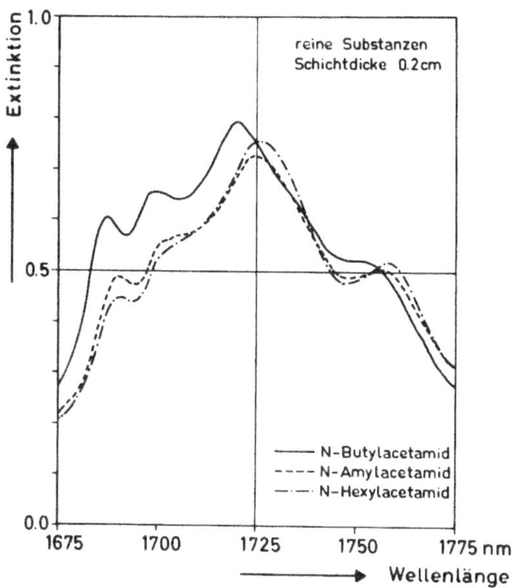

Abb. 2   NIR-Spektren von N-Butylacetamid, N-Amylacetamid und N-Hexylacetamid

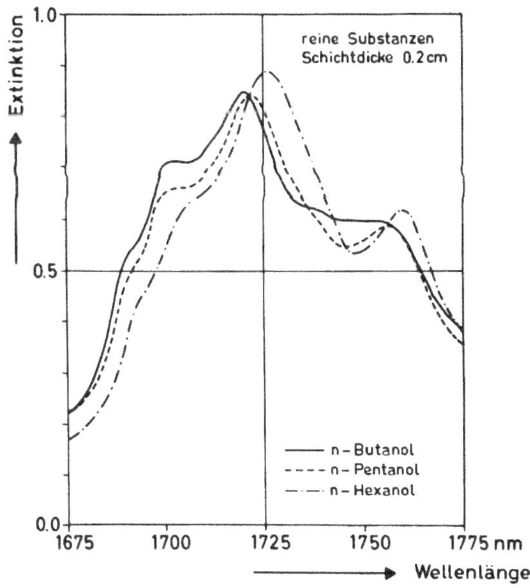

Abb. 3   NIR-Spektren von n-Butanol, n-Pentanol und n-Hexanol

19

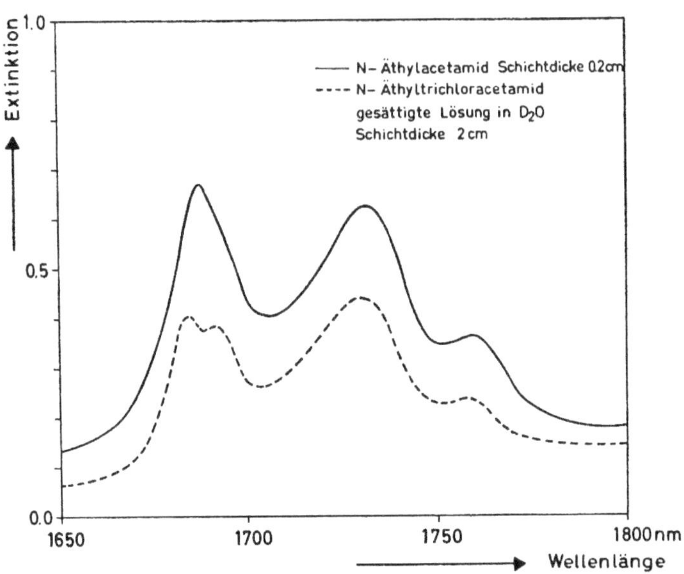

Abb. 4   NIR-Spektren von N-Äthylacetamid und N-Äthyltrichloracetamid
Lösungsmittel kompensiert

6.12 Meßergebnisse

6.121 N-Äthylacetamid

N-Äthylacetamid besitzt im CH-Oberschwingungsbereich drei Banden, die folgenden
Gruppen zugeordnet werden können:

    1687 nm (s): Überlagerung von CO-vicinaler und endständiger CH_3-Gruppe
    1732 nm (s): N-vicinale CH_2-Gruppe; 1. Bande
    1761 nm (w): N-vicinale CH_2-Gruppe; 2. Bande

In Wasser betrug die geringste Konzentration 20 Mol-%, in schwerem Wasser 3 Mol-%.
Gemessen wurde bei 25, 50 und 75°C.
Es traten bei allen Verdünnungsreihen Blauverschiebungen auf, die in schwerem Wasser
größer waren als in Wasser. In Tab. 1 sind die bei der größten Verdünnung gemessenen
Blauverschiebungen zusammengestellt.

*Tab. 1   Verschiebungen der CH-Banden von N-Äthylacetamid beim Verdünnen mit Wasser und
schwerem Wasser*

T	Banden	Blauverschiebungen	
		H_2O	D_2O
25°C	1687 nm	4 nm	5 nm
	1732 nm	3 nm	8 nm
	1761 nm	./.	4 nm (Wendepunkt)
50°C	1687 nm	3 nm	5 nm
	1732 nm	3 nm	6 nm
	1761 nm	./.	4 nm (Wendepunkt)
75°C	1687 nm	3 nm	4 nm
	1732 nm	3 nm	5 nm
	1761 nm	./.	3 nm (Wendepunkt)

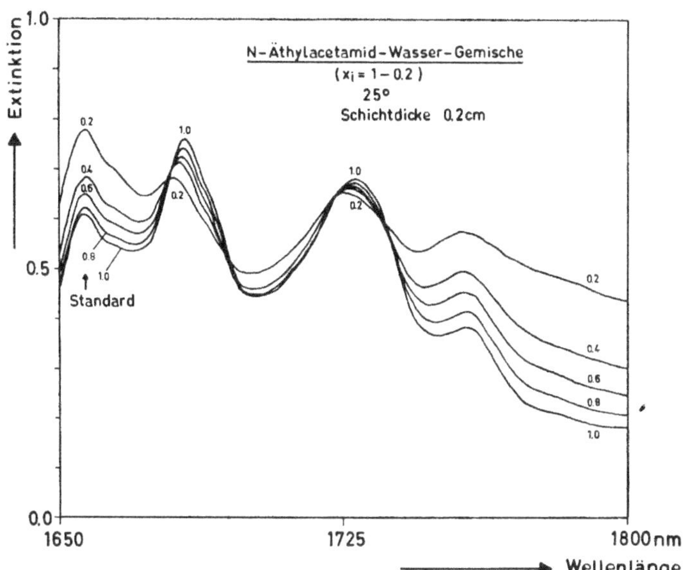

Abb. 5 NIR-Spektren von N-Äthylacetamidlösungen in Wasser mit 1,2,4-Trichlorbenzol als Standard
Lösungsmittel nicht kompensiert

Auffallend ist, daß beim Verdünnen mit schwerem Wasser die 1732-nm-Bande eine viel größere Blauverschiebung ergibt als beim Verdünnen mit Wasser. Bei der 1687-nm-Bande ist dieser Effekt nicht so stark ausgeprägt. Dies sieht man am besten daran, daß bei 25°C in Wasser die 1687-nm-Bande eine stärkere Blauverschiebung ergibt als die 1732-nm-Bande (4 nm gegenüber 3 nm), während in schwerem Wasser die 1732-nm-Bande eine stärkere Blauverschiebung aufweist als die 1687-nm-Bande.

6.122 N-Propylacetamid

N-Propylacetamid besitzt im CH-Oberschwingungsbereich vier Banden, die folgenden Gruppen zugeordnet werden können:

1688 nm	CO-vicinale CH_3-Gruppe
1697 nm	endständige CH_3-Gruppe
1717 nm	} N-vicinale und endoständige CH_2-Gruppe
1734 nm	
1757 nm (Schulter)	CH_2-Gruppe

N-Propylacetamid ist für die Messungen wenig geeignet, da an Stelle einer scharfen CH_2-Bande eine breite Bande mit zwei schwach ausgeprägten Maxima bei 1717 und 1734 nm erscheint. Selbst beim Verdünnen in D_2O verschmieren diese beiden schlecht aufgelösten Banden zu einer einzigen breiten Bande. Die Methylgruppenbanden bei 1688 und 1697 nm werden bei allen drei Meßtemperaturen sowohl in H_2O als auch in D_2O um 2,5–3,5 nm nach kleineren Wellenlängen verschoben.

6.123 N-Butylacetamid

N-Butylacetamid besitzt im CH-Oberschwingungsbereich vier Banden. Folgende Zuordnung wurde getroffen:

1689 nm (m): CO-vicinale CH_3-Gruppe
1701 nm (m): endständige CH_3-Gruppe
1723 nm (s): CH_2-Hauptbande
1751 nm (w): 2. CH_2-Bande

Von den beiden Methylgruppenbanden ist die 1701-nm-Bande bereits zu schwach, so daß bei einer Verdünnungsreihe genaue Aussagen nicht gemacht werden können. Die andere Methylgruppenbande erfährt ähnlich wie bei N-Propylacetamid immer eine Blauverschiebung.

Interessant ist die CH_2-Hauptbande bei 1723 nm. Diese Bande zeigt in H_2O und D_2O ein grundsätzlich verschiedenes Verhalten. In H_2O verschiebt sich diese Bande nur sehr geringfügig. Beim Verdünnen auf 10 Mol-% ergibt sich bei 25°C eine Rotverschiebung von 1 nm, bei 50°C keine Verschiebung und bei 75°C eine Blauverschiebung von 1 nm. Diese Effekte sind so klein, daß sie fast innerhalb der Fehlergrenze des Gerätes liegen.

In D_2O tritt aber bei allen drei Temperaturen eine Blauverschiebung auf, die bei 25°C auch schon beim Verdünnen auf 10 Mol-% 3 nm beträgt und beim weiteren Verdünnen auf 3 Mol-% auf 5 nm anwächst.

Dieser Effekt in D_2O tritt auch im Kombinationsschwingungsbereich auf, gemessen an der 2304-nm-Bande. Bei 25°C wird beim Verdünnen auf 3 Mol-% ebenfalls eine Blauverschiebung von 5 nm beobachtet. Da die Kombinationsschwingungsbanden bedeutend intensiver sind als die entsprechenden Oberschwingungsbanden, konnte noch eine Lösung von 0,3 Mol-% gemessen werden; hier erhöhte sich die Blauverschiebung auf 7 nm.

Wie erklärt sich nun das unterschiedliche Verhalten der CH_2-Bande in H_2O und D_2O? In D_2O wird das Amidwasserstoffatom gegen ein Deuteriumatom ausgetauscht. Durch diesen Austausch wird die Schwingungskopplung der Amidgruppe mit der N-vicinalen CH_2-Gruppe aufgehoben, wie das Beispiel des N-Äthylacetamids zeigt (vgl. Tab. 1). In D_2O beträgt die Blauverschiebung 8 nm gegenüber 3 nm in H_2O. Dies ist nicht nur auf die größere Verdünnung in D_2O zurückzuführen. Außerdem ist in D_2O die Blauverschiebung der CH_2-Bande größer als die der CH_3-Bande, während es in H_2O genau umgekehrt ist.

Da im Ober- und Kombinationsschwingungsbereich sehr viele Schwingungsüberlagerungen vorkommen, ist es wahrscheinlich, daß beim N-Butylacetamid die N-vicinale CH_2-Bande von der Bande der beiden endoständigen CH_2-Gruppen überlagert wird. Dies konnte mit Hilfe folgender Modellsubstanzen bewiesen werden:

$$CH_3\text{---}CO\text{---}ND\text{---}CD_2\text{---}(CH_2)_4\text{---}CD_2\text{---}ND\text{---}CO\text{---}CH_3$$

und

$$CH_3\text{---}CO\text{---}ND\text{---}(CH_2)_6\text{---}ND\text{---}CO\text{---}CH_3$$

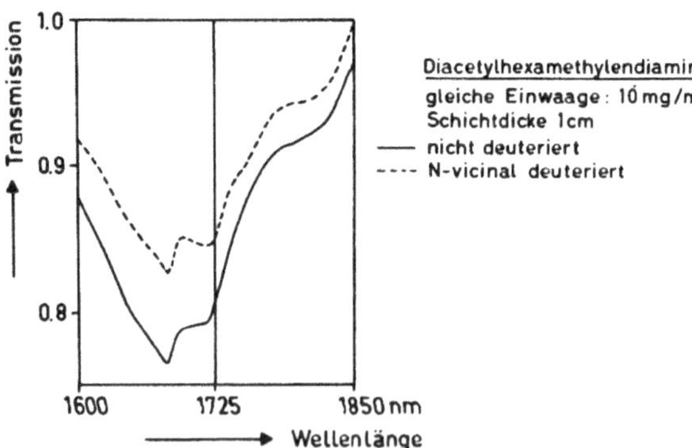

Abb. 6 NIR-Spektren von nichtdeuteriertem und N-vicinal deuteriertem Diacetylhexamethylendiamin im Oberschwingungsbereich
Lösungsmittel kompensiert

Bei gleicher Konzentration und gleicher Schichtdicke ist die Extinktion der CH$_2$-Banden der nicht C-deuterierten Verbindung größer als bei der deuterierten Verbindung. Außerdem ergibt die C-deuterierte Verbindung eine bessere Auflösung des Spektrums (Abb. 6 und 7).

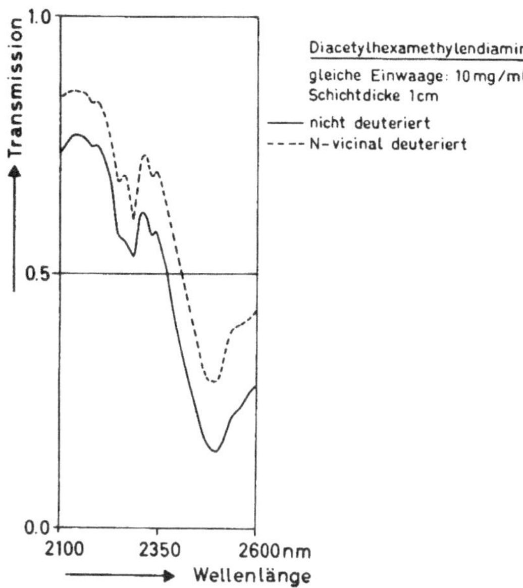

Abb. 7 NIR-Spektren von nichtdeuteriertem und N-vicinal deuteriertem Diacetylhexa-methylendiamin im Kombinationsschwingungsbereich
Lösungsmittel kompensiert

6.124 N-Methylpropionamid

N-Methylpropionamid besitzt im CH-Oberschwingungsbereich drei Banden, die folgenden Gruppen zugeordnet werden können:

1694 nm: N-vicinale CH$_3$-Gruppe und endständige CH$_3$-Gruppe
1735 nm: CO-vicinale CH$_2$-Gruppe; Hauptbande
1752 nm: CO-vicinale CH$_2$-Gruppe; 2. Bande

Dieses Amid wurde in H$_2$O bei Verdünnungen bis auf 20 Mol-% untersucht. Bei allen drei Meßtemperaturen zeigte die 1694-nm-Bande eine Blauverschiebung von 4 bis 4,5 nm und die 1735-nm-Bande eine Blauverschiebung von 3 nm.

6.2 Prüfung auf Spektralverschiebungen der CH-Banden in Lösungen von Alkoholen in Wasser und schwerem Wasser

Außer den sekundären Amiden wurden von Äthanol, Propanol und i-Propanol bei 25 und 50°C Verdünnungsreihen in H$_2$O gemessen. Hierbei traten nur geringe Blauverschiebungen von 1 bis 2 nm auf (vgl. Abb. 1).
n-Butanol ist bei Raumtemperatur nur zu 8 Gew.-% wasserlöslich. Es sollte spektroskopisch untersucht werden, ob unterhalb der Entmischungskonzentration bereits eine Aggregation der hydrophoben Reste eintrat, was eine Rotverschiebung der CH$_2$-Banden bewirkt hätte. Hierzu wurde in D$_2$O eine Verdünnungsreihe von 7 Gew.-% bis 1 Gew.-% im Kombinationsschwingungsbereich an der 2303-nm-Bande gemessen. Die Lage der Bande blieb konstant. Auch hier tritt noch keine Micellbildung auf.

6.3 Kernmagnetische Resonanzuntersuchungen von sekundären Amiden und Alkoholen zur Bestimmung von eventuell auftretenden Assoziationsverschiebungen

Diese Untersuchungsmethode hat den Vorteil, daß die N-vicinale CH_2-Gruppe der Amide wegen der großen Elektronegativität des N-Atoms bei tieferen Feldstärken erscheint. Von allen wasserlöslichen Amiden wurde eine Verdünnungsreihe in Wasser mit Tetramethylsilan (TMS) als innerem Standard aufgenommen (max. Verdünnung 10 Mol-% Amid) und die Lage der Signale bei den verdünnten Lösungen mit der Signallage der reinen Substanzen verglichen.

Gemessene Verschiebungen

(Minuszeichen bedeuten Verschiebungen zur niederen Feldstärke)

N-Methylacetamid
    CO-vicinale CH_3-Gruppe: — 3   Hz
    N-vicinale CH_3-Gruppe: — 1,5 Hz
N-Äthylacetamid
    CO-vicinale CH_3-Gruppe: — 2,5 Hz
    N-vicinale CH_2-Gruppe: — 0,5 Hz
    Endständige CH_3-Gruppe: — 1   Hz
N-Propylacetamid
    CO-vicinale CH_3-Gruppe: — 3,5 Hz
    Alle übrigen Signale bleiben konstant.
N-Butylacetamid
    CO-vicinale CH_3-Gruppe: — 5   Hz
    Alle übrigen Signale bleiben konstant.
N-Methylpropionamid und N-Äthylpropionamid
    Nahezu das gesamte Spektrum bleibt konstant;
    lediglich die CO-vicinalen CH_2-Gruppen verschieben sich um — 0,5 Hz.

Das System N-Propylpropionamid/Wasser besitzt bereits eine große Mischungslücke. Bis zur Entmischungskonzentration ($\sim$ 80 Mol-% Amid) blieben alle Signale konstant. In Wasser ist sehr wenig Amid löslich, so daß kein Spektrum mehr erhalten werden konnte.
Auch beim weiteren Verdünnen auf 2 Mol-% Amid in schwerem Wasser traten keine weiteren Verschiebungen mehr auf; lediglich die N-vicinale CH_2-Gruppe änderte ihr Aussehen, weil durch Deuteriumaustausch die Spinkopplung mit dem NH-Proton entfällt.
Außerdem wurde eine Verdünnungsreihe von n-Propanol in Wasser aufgestellt und die mittlere Linie des Tripletts der endständigen CH_3-Gruppe als innerer Standard gewählt. Das Signal der O-vicinalen CH_2-Gruppe verschiebt sich maximal um — 8 Hz und das der mittleren CH_2-Gruppe um — 2,5 Hz.

6.4 Aliphatische Tenside im nahen Infrarotbereich

Die Untersuchungen an den Alkoholen und sekundären Amiden sprechen dafür, daß bei diesen Modellsubstanzen die Kettenlänge noch zu gering ist. Ebenso war es fraglich, ob man prinzipiell Micellbildungen infrarotspektroskopisch durch Bandenverschiebungen nachweisen kann, weil die unspezifischen Wechselwirkungen der Teilchen in der Micelle sehr gering sind und keineswegs mit der Stärke von H-Brücken verglichen

werden können. Zur Beantwortung dieser Frage wurden Natrium-Alkylsulfate mit
einer definierten Kettenlänge und einer hohen kritischen Micellbildungskonzentration
(c_k) in schwerem Wasser unterhalb und oberhalb von c_k untersucht; diese Untersuchungen wurden im Kombinationsschwingungsbereich und teilweise auch noch im
Oberschwingungsbereich durchgeführt.
An folgenden Banden wurden die auftretenden Verschiebungen gemessen:

Kombinationsschwingungsbereich

    Methylengruppenbanden: 2300 nm (s) und 2340 nm (ms)
    Methylgruppenbande: 2265 nm (m)

Bei den längerkettigen Tensiden ist die Methylgruppenbande nur als Schulter ausgeprägt.

Oberschwingungsbereich

    Methylengruppenbanden: 1725 nm (ms) und 1755 nm (m)
    Methylgruppenbande: 1700 nm (m)

Auch hier ist bei längerkettigen Tensiden die Methylgruppenbande nur als Schulter
ausgeprägt.

6.41 Natrium-Hexylsulfat (Natrium-n-hexan-1-sulfat)

Natrium-Hexylsulfat mit einer kritischen Micellbildungskonzentration von $\sim$ 0,5 Mol/l
wurde im Konzentrationsbereich von 0,2 bis 1,5 Mol/l untersucht. Im Kombinationsschwingungsbereich verschiebt sich die 1. CH_2-Bande von 2296 auf 2299 nm: 3 nm
Rotverschiebung.
Die 2. CH_2-Bande von 2339 auf 2341 nm: 2 nm Rotverschiebung. Auffallend ist, daß
die schwache CH_3-Bande 5 nm Rotverschiebung aufweist (von 2260 auf 2265 nm).
Im Oberschwingungsbereich verschiebt sich die erste CH_2-Bande von 1617 auf 1619,5
nm: 2,5 nm Rotverschiebung. Die Intensitäten der zweiten CH_2-Bande und der CH_3-
Bande sind bereits sehr gering: beide Banden weisen 2 nm Rotverschiebung auf. Es
ist also prinzipiell möglich, bei Tensiden Assoziationsverschiebungen infrarotspektroskopisch zu messen.

6.12 Natrium-Octylsulfat (Natrium-n-octan-1-sulfat)

Natrium-Octylsulfat ($c_k \sim$ 0,13 Mol/l) wurde im Konzentrationsbereich von 0,05 bis
1,5 Mol/l untersucht.

*Tab. 2 Bestimmung der bei Natrium-Octylsulfat in Abhängigkeit von der Konzentration oberhalb
der kritischen Micellbildungskonzentration auftretenden Rotverschiebungen*

c [Mol/l]	λ_{max} [nm]	Rotverschiebung [nm]
0,05	2297	–
0,1	2297	0
0,13	2298	1
0,2	2299	2
0,3	2299,5	2,5
0,5	2301,5	4,5
1,0	2302	5
1,5	2302	5

Im Kombinationsschwingungsbereich treten an beiden CH$_2$-Banden Rotverschiebungen auf, die verschieden stark sind. Auffallend ist, daß die Verschiebungen oberhalb von c_k allmählich und *nicht* sprunghaft beginnen (Tab. 2).

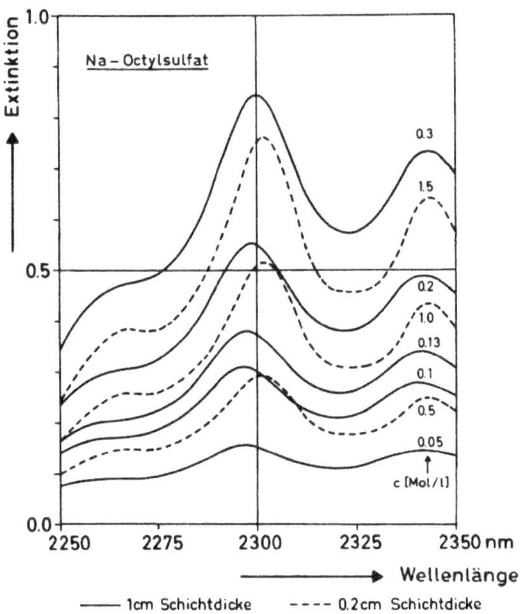

Abb. 8   NIR-Spektren von Na-Octylsulfatlösungen verschiedener Konzentration in schwerem Wasser (Kombinationsschwingungsbereich)
Lösungsmittel kompensiert

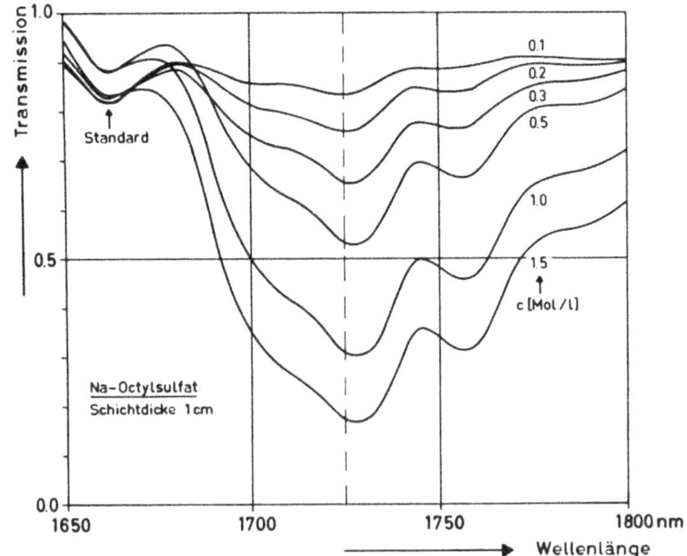

Abb. 9   NIR-Spektren von Na-Octylsulfatlösungen verschiedener Konzentration in schwerem Wasser mit 1,2,4-Trichlorbenzol als Standard
(Oberschwingungsbereich)
Lösungsmittel kompensiert

Die maximale Rotverschiebung beträgt 5 nm. Die zweite CH_2-Bande zeigt eine maximale Rotverschiebung von 3 nm. Auch hier tritt die Verschiebung nicht sprunghaft auf (Abb. 8).

Im Oberschwingungsbereich sind die Intensitäten der Banden wesentlich geringer als im Kombinationsschwingungsbereich. Die verdünnteste Lösung (0,05 Mol/l) ergab bereits eine zu schwache Bande, so daß erst mit der Konzentration 0,1 Mol/l begonnen werden konnte. Die 1. CH_2-Bande verschiebt sich von 1724 auf 1728 nm (4 nm Rotverschiebung) und die 2. CH_2-Bande von 1755 auf 1757 nm (2 nm Rotverschiebung); Abb. 9.

6.43 Natrium-Decylsulfat (Natrium-n-decan-1-sulfat)

Natrium-Decylsulfat ($c_k \sim$ 0,032 Mol/l) wurde im *Kombinationsschwingungsbereich* im Konzentrationsbereich von 0,02 bis 0,5 Mol/l untersucht. Es traten 4,5–5 nm Rotverschiebung auf. Die erste Methylengruppenbande verschiebt sich allmählich von 2298 auf 2303 nm.

Oberschwingungsbereich

Gemessener Konzentrationsbereich: 0,1–0,5 Mol/l.

Die erste CH_2-Bande verschiebt sich von 1722 auf 1725 nm. An diesem Beispiel sieht man deutlich, daß die eigentliche Bandenverschiebung weit oberhalb der kritischen Micellbildungskonzentration beginnt. Wegen der geringen Intensitäten der Oberschwingungen konnte – wie bei Natrium-Octylsulfat – erst bei einer Konzentration von 0,1 Mol/l mit den Messungen begonnen werden. Obwohl dieser Anfangswert den Wert von c_k um den Faktor 3 übersteigt, tritt trotzdem noch eine Rotverschiebung von 3 nm auf.

6.44 Natrium-Dodecylsulfat (Natrium-n-dodecan-1-sulfat)

Natrium-Dodecylsulfat konnte wegen seiner niedrigen kritischen Micellbildungskonzentration ($c_k \sim$ 0,008 Mol/l) nur noch im *Kombinationsschwingungsbereich* untersucht werden.

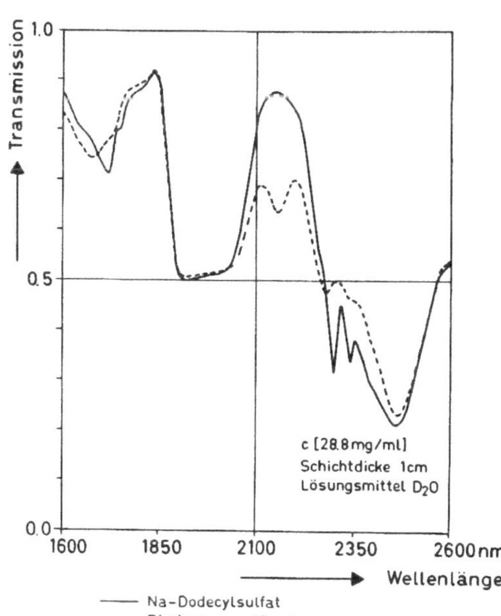

Abb. 10 NIR-Spektren wäßriger Lösungen von Natrium-Dodecylsulfat und Rinderserumalbumin Lösungsmittel kompensiert

Gemessener Konzentrationsbereich: 0,02–0,2 Mol/l.

Es traten 3 nm Rotverschiebung auf. Die 1. CH_2-Bande verschiebt sich von 2300 auf 2303 nm. Selbst im Kombinationsschwingungsbereich muß man weit oberhalb von c_k beginnen, um ausgeprägte Absorptionsbanden zu erhalten.

Es war nun von großem Interesse zu sehen, ob sich diese Methode direkt auf Proteine anwenden läßt. Zu diesem Zweck wurden eine 0,1-m-Natrium-Dodecylsulfatlösung (28,8 mg/ml) und eine gewichtsmäßig gleich konzentrierte Lösung von Rinderserumalbumin registriert. Hierbei zeigte sich, daß die Methode nicht auf Proteine übertragen werden kann. Bei Rinderserumalbumin fehlen die scharf ausgeprägten CH_2-Banden. Dies macht sich besonders stark im Kombinationsschwingungsbereich zwischen 2300 und 2350 nm bemerkbar. Die CH_2-Bande im Oberschwingungsbereich ist ebenfalls viel breiter als die entsprechende Bande von Natrium-Dodecylsulfat (Abb. 10).

6.5 Ultraviolettspektren von Insulinpeptiden in Wasser und 8-m-Harnstofflösungen

Die Absorptionsmaxima der Proteine ergeben bei der Harnstoffdenaturierung Blauverschiebungen. Es soll nun untersucht werden, ob Peptide mit hydrophoben, aromatischen Seitenketten ein ähnliches Verhalten zeigen. Zu diesem Zweck wurden die entsprechenden Peptide in Wasser und einer 8 m wäßrigen Harnstofflösung gelöst und die dabei auftretenden Verschiebungen des Absorptionsmaximums mit der Bandenverschiebung eines Tyrosinderivates verglichen.

Da benachbarte ionogene Gruppen einen Einfluß auf das Absorptionsmaximum haben, wurde N-Acetyl-tyrosin-methylamid als Bezugssubstanz gewählt, das ein Maximum von 274,5 nm gegenüber einem Maximum von 274,2 nm des freien Tyrosins besitzt. Die meisten Peptide mit hydrophoben Seitenketten sind äußerst schwer wasserlöslich. Erst nach kurzem Erhitzen und anschließendem Abkühlen war soviel gelöst, daß ohne Schwierigkeiten gemessen werden konnte. Hierbei erfolgte die Konzentrationsbestimmung spektroskopisch. N-Acetyl-tyrosin-methylamid und das Heptapeptid Phenylalanyl-phenylalanyl-tyrosyl-threonyl-prolyl-lysyl-alanin als Bis-trifluoracetat, die beide genügend wasserlöslich sind, haben einen gleichgroßen molaren Extinktionskoeffizienten:

$$\varepsilon = 1350 \text{ (in destilliertem Wasser)}$$

Beim Überführen in eine 8 m wäßrige Harnstofflösung bzw. reines Äthanol nimmt dieser Wert um $\sim 5\%$ bzw. $\sim 10\%$ zu ($\varepsilon_H = 1420$; $\varepsilon_Ä = 1500$). Da der molare Extinktionskoeffizient der Phenylalanin-Hauptbande (257,5 nm) nur 195 beträgt und der Abstand zwischen den Phenylalanin-Banden und der Tyrosinbande (274,5 nm) sehr gering ist, werden selbst bei Peptiden mit zwei Phenylalanin-Resten und einem Tyrosin-Rest die Phenylalanin-Banden von der Flanke der breiten Tyrosin-Bande überlagert und erscheinen nur als »wiggles«. Anders ist die Lage bei Phenylalanyl-phenylalanyl-tert.butyl-tyrosin.

Wenn die phenolische OH-Gruppe durch einen tert.-Butylrest geschützt ist, sinkt $\varepsilon \sim$ auf 590.

Die Phenylalanin-Banden werden zwar auch noch von der Tyrosin-Bande überlagert, sind aber trotzdem gut ausgeprägt und durch die Überlagerung teilweise intensiver als die Tyrosin-Bande. Das Absorptionsmaximum der Tyrosin-Bande liegt hier bei 273,1 nm.

Es wurden fünf Insulinpeptide in Wasser und einer 8-m-Harnstofflösung gemessen:

Insulinsequenz

Leucyl-tyrosyl-leucin   (B_{15-17})
Glycyl-phenylalanyl-phenylalanyl-tyrosin   (B_{23-26})
Phenylalanyl-phenylalanyl-tert.-butyl-tyrosin   (B_{24-26})
Benzyloxycarbonyl-glutamyl-γ-tert.-butylester-asparaginyl-tyrosyl-S-benzyl-cysteinyl-asparagin   (A_{17-21})
Phenylalanyl-phenylalanyl-tyrosyl-threonyl-prolyl-lysyl-alanin als Bis-trifluoracetat   (B_{24-30})

Zum Vergleich wurden noch Rinderinsulin-A-Ketten-tetrathiosulfat, Rinderinsulin-B-Ketten-bis-thiosulfat, kristallisiertes Rinderinsulin, Ribonuclease und Ovalbumin herangezogen. Die Meßergebnisse sind in Tab. 3 zusammengestellt.

Tab. 3   Bestimmung der Spektralverschiebungen von Insulinpeptiden, Insulinketten, kristallisiertem Rinderinsulin, Ribonuclease und Ovalbumin beim Überführen von Wasser in eine 8-m-Harnstofflösung

Substanz	λ_{max} (in Wasser)	λ_{max} (in 8 m Harnstoff)
N-Acetyl-tyrosin-methylamid	274,5 nm	275,2 nm
Leu-Tyr-Leu	274,5 nm	275,2 nm
Gly-Phe-Phe-Tyr	274,7 nm	275,3 nm
Phe-Phe-Tyr(Bu^t)	251,6 nm	252,4 nm
	257,4 nm	257,9 nm
	263,1 nm	263,6 nm
	273,1 nm	273,6 nm
Z-Glu(OBu^t)-Asn-Tyr-Cys(BZL)-Asn	274,7 nm	275,3 nm
2 CF$_3$COOH · Phe-Phe-Tyr-Thr-Pro-Lys-Ala	275,0 nm	275,7 nm
Rinderinsulin-A-Ketten-tetrathiosulfat	274,8 nm	275,2 nm
Rinderinsulin-B-Ketten-bis-thiosulfat	275,2 nm	275,4 nm
Kristallisiertes Rinderinsulin	276,0 nm	275,6 nm
Ribonuclease	276,8 nm	276,1 nm
Ovalbumin	279,5 nm	276,8 nm

Rinderinsulin und die beiden Insulinketten wurden in 0,05 m NH_4HCO_3-Puffer pH 8,1 bzw. einer 8-m-Harnstofflösung in diesem Puffer gelöst. Da die phenolische OH-Gruppe des Tyrosins einen pK-Wert von 10 besitzt und deshalb das Absorptionsmaximum von pH 2 bis 9 nicht pH-abhängig ist, konnte für die Peptidmessungen destilliertes Wasser als Bezugssystem gewählt werden.

Alle gemessenen Banden der Insulinpeptide ergeben wie die Bande von N-Acetyl-tyrosin-methylamid eine Rotverschiebung von 0,6 bis 0,7 nm (Abb. 11 und 12). Die Rotverschiebung der Phenylalanyl-Banden von Phenylalanyl-phenylalanyl-tert.-butyl-tyrosin beträgt 0,5–0,8 nm.

Selbst die Banden der Buntesalzketten des Rinderinsulins weisen noch Rotverschiebungen auf, die aber schon kleiner sind als bei den Peptiden: die Buntesalz-A-Kette hat 0,4 nm Rotverschiebung und die Buntesalz-B-Kette 0,2 nm (Abb. 13).

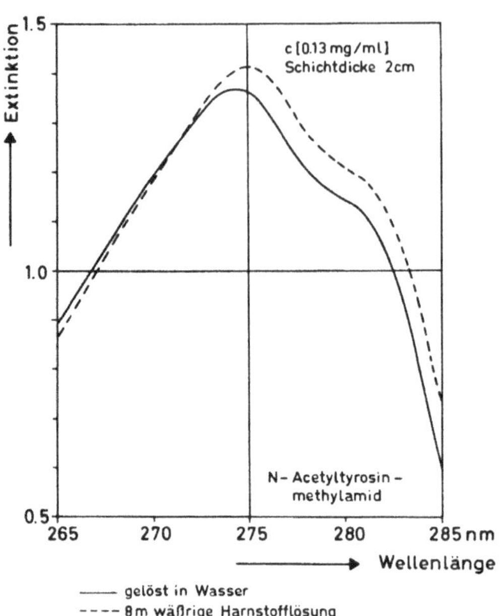

Abb. 11   UV-Spektren von N-Acetyl-tyrosin-methylamid
Lösungsmittel kompensiert

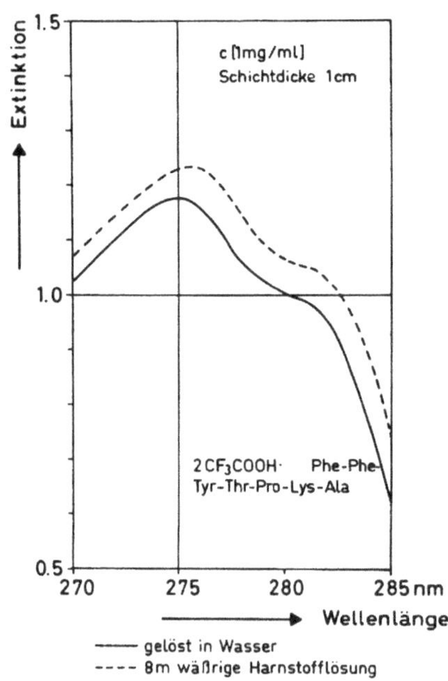

Abb. 12   UV-Spektren von 2 CF$_3$COOH · Phe-Phe-Tyr-Thr-Pro-Lys-Ala
Lösungsmittel kompensiert

Kristallisiertes Rinderinsulin hingegen zeigt bereits eine für Proteine charakteristische Blauverschiebung von 0,4 nm (Abb. 14). Vergleichsweise wurden noch die Blauverschiebungen der Banden von Ribonuclease und Ovalbumin bestimmt: 0,7 und 2,7 nm. Um die spektralen Unterschiede zwischen den Peptiden (bzw. N-Acetyl-tyrosin-

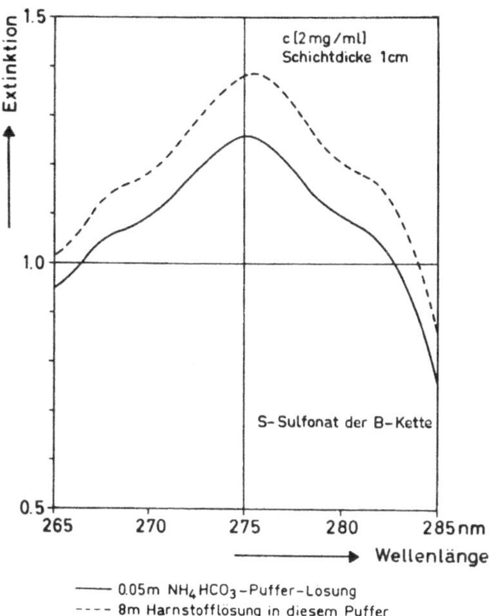

Abb. 13 UV-Spektren des S-Sulfonats der B-Kette
Lösungsmittel kompensiert

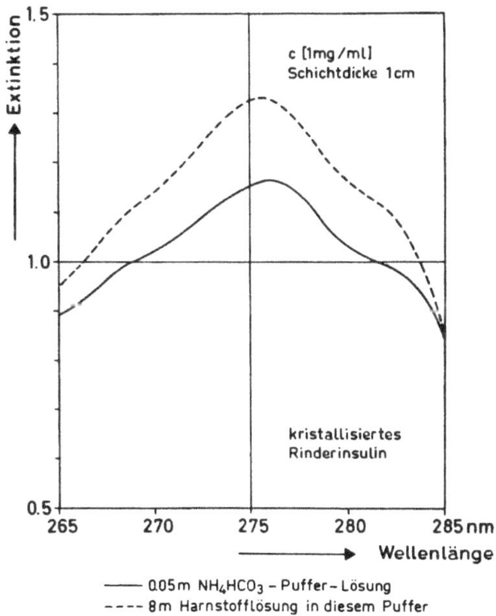

Abb. 14 UV-Spektren des kristallisierten Rinderinsulins
Lösungsmittel kompensiert

methylamid), den Insulinketten und den Proteinen besser herausstellen zu können,
werden die Rotverschiebungen mit einem Pluszeichen und die Blauverschiebungen mit
einem Minuszeichen versehen, und von allen wird der Betrag von 0,6 nm subtrahiert;
auf diese Weise erhalten wir die Abweichungen von den Peptiden (Tab. 4).

Tab. 4 Spektrale Unterschiede (Δλ) zwischen Insulinpeptiden, Insulinketten, kristallisiertem Rinderinsulin, Ribonuclease und Ovalbumin beim Überführen von Wasser in eine 8-m-Harnstofflösung

		Δλ
Insulinpeptide	+ 0,6–0,6	0
Buntesalz der A-Kette	+ 0,4–0,6	— 0,2 nm
Buntesalz der B-Kette	+ 0,2–0,6	— 0,4 nm
Rinderinsulin (kristallisiert)	— 0,4–0,6	— 1,0 nm
Ribonuclease	— 0,7–0,6	— 1,3 nm
Ovalbumin	— 2,7–0,6	— 3,3 nm

Das Buntesalz der B-Kette zeigt schon ein deutliches Abweichen von den Peptiden und nimmt eine Mittelstellung zwischen Insulinpeptiden und nativem Rinderinsulin ein.

6.6 Bestimmung der Rotverschiebungen aromatischer Tenside oberhalb der kritischen Micellbildungskonzentration im Ultraviolettbereich

Insulinpeptide liegen in wäßriger Lösung noch nicht in assoziierter Form vor, da sie sich spektroskopisch wie N-Acetyl-tyrosin-methylamid verhalten.

Es soll nun – ähnlich wie im nahen Infrarotbereich mit aliphatischen Tensiden – hier mit aromatischen Tensiden nachgeprüft werden, ob man im Ultraviolettbereich die Assoziation niedermolekularer Modellsubstanzen prinzipiell durch *Bandenverschiebungen* spektroskopisch nachweisen kann. Proteine ergeben beim Denaturieren Blauverschiebungen, folglich müßten aromatische Tenside nach erfolgter Micellbildung Rotverschiebungen aufweisen. Dies wurde an zwei Tensiden – einem ionogenen und einem nichtionogenen – nachgeprüft.

6.61 Dimethyl-cetyl-benzyl-ammoniumchlorid

Dimethyl-cetyl-benzyl-ammoniumchlorid mit einer kritischen Micellbildungskonzentration von $\sim 10^{-3}$ Mol/l wurde im Konzentrationsbereich von $5 \cdot 10^{-4}$ bis $3 \cdot 10^{-2}$ Mol/l bei 25, 50 und 75°C untersucht. Das Tensid besitzt drei starke Absorptionsmaxima, an denen spektrale Verschiebungen gemessen werden konnten: 256,5 nm; 262,0 nm; 268,3 nm.

Tab. 5 Bestimmung der Rotverschiebungen der drei Absorptionsbanden des Dimethyl-cetyl-benzyl-ammoniumchlorids oberhalb der kritischen Micellbildungskonzentration
Meßtemperatur 25°C

c Mol/l	Rotverschiebung der Banden von		
	256,5 nm	262,0 nm	268,3 nm
$5 \cdot 10^{-4}$	–	–	–
$1 \cdot 10^{-3}$	0,0 nm	0,0 nm	0,0 nm
$1 \cdot 10^{-2}$	0,2 nm	0,2 nm	0,2 nm
$2 \cdot 10^{-2}$	0,4 nm	0,4 nm	0,4 nm
$3 \cdot 10^{-2}$	0,5 nm	0,5 nm	0,5 nm

Alle drei Absorptionsbanden ergeben gleich große maximale Rotverschiebungen von 0,5 nm. Diese Rotverschiebungen bleiben bei 50 und 75°C erhalten.

6.62 NP 9: *p-Nonylphenyl-nonaglykoläther*

NP 9 ($c_k \sim 10^{-4}$ Mol/l) wurde im Konzentrationsbereich von $2,7 \cdot 10^{-5}$ bis $1 \cdot 10^{-3}$ Mol/l untersucht [56].

Vorversuche hatten ergeben, daß bei den zwei verdünntesten Lösungen die Bande von 273,8 nm trotz 2 cm Schichtdicke nur sehr schlecht ausgeprägt ist. Deshalb wurden auch noch die Verschiebungen der intensiveren Bande von 222,5 nm gemessen.

Tab. 6 Bestimmung der Rotverschiebungen der beiden Absorptionsbanden des p-Nonylphenyl-nonaglykoläthers oberhalb der kritischen Micellbildungskonzentration
Meßtemperatur 25°C

c (Mol/l)	Rotverschiebung der Banden von	
	222,5 nm	273,8 nm
$2,7 \cdot 10^{-5}$	–	–
$5 \quad \cdot 10^{-5}$	0,0 nm	0,0 nm
$7 \quad \cdot 10^{-5}$	0,5 nm	0,5 nm
$1 \quad \cdot 10^{-4}$	0,75 nm	1,25 nm
$5 \quad \cdot 10^{-4}$	2,0 nm	2,2 nm
$1 \quad \cdot 10^{-3}$	2,5 nm	2,5 nm

Beide Banden ergeben bei 25°C dieselbe maximale Rotverschiebung von 2,5 nm.
50 und 75°C Meßtemperatur: Bei Konzentrationen oberhalb von $1,25 \cdot 10^{-4}$ Mol/l trat Entmischung ein. Bis zu dieser Konzentration dieselben Rotverschiebungen wie bei 25°C.

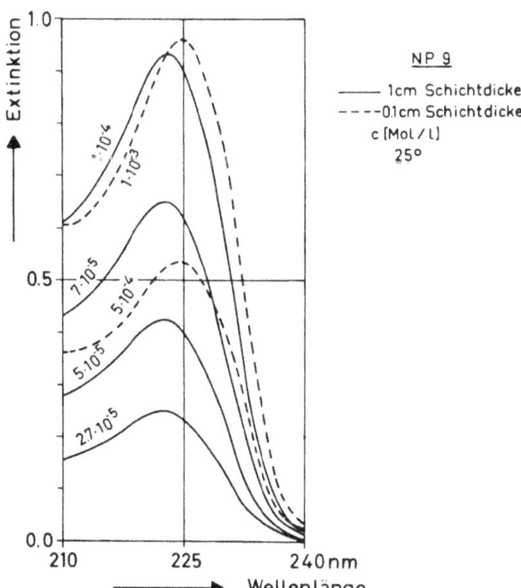

Abb. 15 UV-Spektren von wäßrigen NP-9-Lösungen verschiedener Konzentration
(222,5-nm-Bande)
Lösungsmittel kompensiert

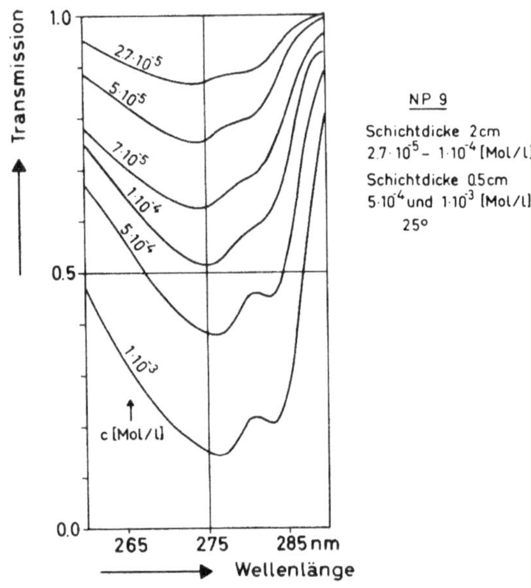

Abb. 16 UV-Spektren von wäßrigen NP-9-Lösungen verschiedener Konzentration
(273,8-nm-Bande)
Lösungsmittel kompensiert

7. Zusammenfassende Diskussion

Die Ausbildung hydrophober Bindungen läßt sich mit einer Assoziation in bestimmten
Bereichen des Moleküls vergleichen. Da sich dabei die unmittelbare Umgebung der
hydrophoben Reste ändert, ist eine Verschiebung der Infrarotabsorptionsbanden der
beteiligten Gruppen zu erwarten. Verschiebungen dieser Art können für viele Systeme
mit Hilfe der modifizierten KIRKWOOD-BAUER-MAGAT-Gleichung [54] beschrieben
werden.

$$\frac{\nu_{gasf.} - \nu_{fl.}}{\nu_{gasf.}} = \frac{\Delta\nu}{\nu} = C\frac{n^2 - 1}{2\,n^2 + 1}$$

$\nu_{gasf.}$ = Bandenlage der Substanz in der Gasphase
$\nu_{fl.}$ = Bandenlage der Substanz in der Flüssigkeit mit dem Brechungsindex n
C   = Konstante (empirischer Wert: $\sim$ 0,06) [55]

Wenn man einen Stoff aus der Gasphase in eine wäßrige Lösung und in eine Kohlen-
wasserstofflösung überführt, muß die Rotverschiebung im zweiten Fall größer sein,
weil Kohlenwasserstoffe einen höheren Brechungsindex als Wasser besitzen. Bei einer
Micellbildung werden die Kohlenwasserstoffreste aus einer wäßrigen Umgebung in
eine kohlenwasserstoffartige Umgebung überführt (in der Micelle sind sie von ihresgleichen umgeben), folglich müssen auch hierbei Rotverschiebungen auftreten.
Bei nahezu allen gemessenen Amiden traten aber CH-Blauverschiebungen auf, die auf
die Wechselwirkung des Carbonamidsystems mit den α-ständigen CH_3- bzw. CH_2-
Gruppen zurückzuführen sind. Bei den kürzerkettigen Amiden sind diese Effekte stärker

34

ausgeprägt als bei den längerkettigen. Die 1723-nm-Bande des N-Butylacetamids zeigt bei 25°C beim Verdünnen der reinen Substanz auf 10 Mol-% bereits eine geringe Rotverschiebung von 1 nm, aber leider sind die längerkettigen Homologen N-Amylacetamid und N-Hexylacetamid nicht mehr wasserlöslich. Außerdem konnte gezeigt werden, daß bei N-Butylacetamid die Bande der N-vicinalen CH_2-Gruppe von der Bande der beiden endständigen CH_2-Gruppen überlagert wird. Diese Betrachtungen zeigen, daß sekundäre Amide für unsere Untersuchungen nicht die geeigneten Modellsubstanzen sind.

Bei Äthanol, n-Propanol und i-Propanol traten kleine Blauverschiebungen von 1 bis 2 nm auf. Auch hier ist die Kettenlänge noch zu kurz.

Bei den NMR-Messungen ergaben sich Verschiebungen zur niederen Feldstärke und nicht – wie bei einer Micellbildung zu erwarten wäre – zur höheren Feldstärke. Beim Verdünnen von n-Propanol mit Wasser bilden sich »gemischte« H-Brücken zwischen Wasser und n-Propanolmolekülen aus; diese besitzen eine andere Stärke als die H-Brücken in reinem Propanol; deshalb verschiebt sich das Signal der endständigen (O-vicinalen) CH_2-Gruppe zur niederen Feldstärke. Dieser Effekt wirkt sich auch noch in verringertem Maße auf die mittlere CH_2-Gruppe aus. Daher ist es unmöglich, an diesem Alkohol hydrophobe Effekte festzustellen. Selbst wenn sie in geringem Umfang vorhanden wären, würden sie durch diesen induktiven Effekt überlagert und kompensiert. Die Verdünnungsreihe von n-Butanol (unter 2 Mol-%) ergab ähnliche Resultate. Die unterschiedliche Stärke der H-Brücken ist auch der Grund dafür, weshalb sich bei N-Butylacetamid die CO-vicinale CH_3-Gruppe als einziges Signal verschiebt und alle anderen Signale konstant bleiben.

Zweifellos wäre es am besten, wenn die Verdünnungsreihen der Amide mit äußerem Standard gemessen würden. Hierfür muß man aber große Susceptibilitätskorrekturen anbringen, die größer sind als ein eventuell auftretender hydrophober Effekt, der keineswegs die absolute Größenordnung des induktiven Effektes überschreiten würde.

Wahrscheinlich ist bei diesen Modellverbindungen die Kettenlänge noch zu gering. Diese Vermutung konnte mit Hilfe von wäßrigen Natrium-alkylsulfatlösungen bestätigt werden. In wäßriger Lösung weisen die CH-Banden von Natrium-Hexylsulfat, Natrium-Octylsulfat und Natrium-Decylsulfat oberhalb der kritischen Micellbildungskonzentration 3–5 nm Rotverschiebungen auf. Diese Verschiebungen setzen oberhalb der kritischen Micellbildungskonzentration allmählich und nicht sprunghaft ein. Natrium-Dodecylsulfat besitzt bereits eine zu geringe kritische Micellbildungskonzentration (0,008 Mol/l). Erst bei Konzentrationen oberhalb $2 \cdot 10^{-2}$ Mol/l erhält man im Kombinationsschwingungsbereich gut ausgeprägte CH_2-Banden. Es sind also drei Bedingungen unbedingt zu erfüllen, um die Ausbildung hydrophober Bindungen an Modellsubstanzen im nahen Infrarotbereich direkt nachweisen zu können.

1. Genügend große Kettenlänge
2. Hohe kritische Micellbildungskonzentration ($> 2 \cdot 10^{-2}$ Mol/l)
3. Scharf ausgeprägte Banden, die eine große Meßgenauigkeit zulassen

Diese Rotverschiebungen der Tenside können nicht durch Unterlagerung von Lösungsmittelbanden zustande gekommen sein, weil bei entsprechenden Untersuchungen an n-Butanol im Kombinationsschwingungsbereich die Lage der 2303-nm-Bande konstant bleibt (vgl. Kapitel 6.2).

Leider läßt sich dieses an Tensiden erfolgreich angewandte Verfahren zum direkten Nachweis der hydrophoben Bindungen nicht auf wasserlösliche Proteine übertragen, weil dort die scharf ausgeprägten CH_2-Banden fehlen.

Insulinpeptide mit hydrophoben aromatischen Seitenketten liegen in wäßriger Lösung noch nicht intramolekular assoziiert vor. Sie verhalten sich beim Überführen von Wasser in eine 8-m-Harnstofflösung wie N-Acetyl-tyrosin-methylamid. Beide ergeben beim Überführen von Wasser in eine 8-m-Harnstofflösung eine Rotverschiebung von 0,7 nm.

Selbst die Absorptionsbanden der Buntesalze von A- und B-Kette des Rinderinsulins zeigen noch geringe Rotverschiebungen von 0,4 bzw. 0,2 nm. Natives Insulin ergibt bereits eine für Proteine charakteristische Blauverschiebung von 0,4 nm. Das unterschiedliche Verhalten der Buntesalze der A- und B-Kette im UV-Spektrum deutet an, daß die Buntesalz-B-Kette – die unter den gegebenen Bedingungen noch *nicht* polymerisiert ist – bereits eine Mittelstellung zwischen Insulinpeptiden und nativem Insulin einnimmt. Dieses Ergebnis läßt sich mit den Ergebnissen der hochauflösenden Kernresonanzspektroskopie und der Polarimetrie in Einklang bringen. Die A-Kette ergibt im Gegensatz zur B-Kette ein relativ gut aufgelöstes NMR-Spektrum [33]. Beim Überführen der Buntesalze in eine 8-m-Harnstofflösung ändert sich die Rotationsdispersion der A-Kette nicht, während bei der B-Kette Änderungen der Rotationsdispersion auftreten, für die aber von verschiedenen Autoren unterschiedliche Werte angegeben werden [52, 53].

Durch Harnstoffzusatz wird das NMR-Spektrum der B-Kette besser aufgelöst, was ebenfalls darauf hindeutet, daß in wäßriger Lösung eine teilweise intrachenare Assoziation vorliegt, die aber im Vergleich zu Proteinen gering ist. Die großen Denaturierungsblauverschiebungen treten dann auf, wenn einige Tyrosinreste nur unter irreversibler Denaturierung des Proteins titriert werden können. Ovalbumin besitzt neun phenolische OH-Gruppen, von denen sich nur zwei unter Erhaltung der Tertiärstruktur titrieren lassen. Hier wird unter den beschriebenen Bedingungen eine Blauverschiebung von 2,7 nm beobachtet. Insulin enthält keine anomal titrierbaren Gruppen und zeigt deshalb nur eine Blauverschiebung von 0,4 nm.

Auch ohne Denaturierungsversuche ist es möglich festzustellen, ob phenolische OH-Gruppen in hydrophobe Bereiche eingeschlossen sind oder nicht. Alle Insulinpeptide besitzen in wäßriger Lösung für die freie Tyrosingruppe Absorptionsmaxima von ~ 275 nm, während die Absorptionsmaxima von Ovalbumin und Ribonuclease in wäßriger Lösung bei 279,5 bzw. 276,8 nm liegen.

Sowohl dieses Wellenlängenkriterium als auch die Aufnahme der Spektren in verschiedenen Lösungsmitteln sprechen dafür, daß bei den Insulinpeptiden noch keine hydrophoben Bindungen vorliegen. Die Untersuchungen an den Tensiden Dimethylcetyl-benzyl-ammoniumchlorid und p-Nonylphenyl-nonaglykoläther zeigen aber, daß man im UV-Bereich auch an niedermolekularen Modellverbindungen Assoziationen nachweisen kann, und bestätigen die Annahme, daß die Insulinpeptide noch nicht assoziiert sind.

Bei p-Nonylphenyl-nonaglykoläther tritt oberhalb der kritischen Micellbildungskonzentration eine maximale Rotverschiebung von 2,5 nm auf. Diese Rotverschiebung entspricht einer Blauverschiebung von 2,5 nm bei der Denaturierung von Proteinen und erreicht daher fast die Größe der Blauverschiebung von Ovalbumin.

Auffallend ist, daß bei allen Untersuchungen an Tensiden sowohl im NIR- als auch im UV-Bereich die Verschiebungen oberhalb der kritischen Micellbildungskonzentration allmählich und nicht sprunghaft einsetzen, wie beispielsweise die Änderung der Oberflächenspannung oder der Leitfähigkeit. Dies ist folgendermaßen zu erklären: Für die Änderung der Leitfähigkeit und der Oberflächenspannung sind die Monomeren verantwortlich, und die Monomerenkonzentration nimmt oberhalb der kritischen Micellbildungskonzentration nur noch wenig zu. Die Rotverschiebungen der CH_2-Banden werden aber von den assoziierten Tensidmolekülen hervorgerufen, und die Zahl der Micellen nimmt oberhalb der kritischen Micellbildungskonzentration allmählich und nicht sprunghaft zu.

Wir haben gesehen, daß man im nahen Infrarotbereich die Ausbildung von Micellen erst von einer bestimmten Kettenlänge an feststellen kann. Es sind mindestens sechs C-Atome erforderlich; aber die hydrophoben Seitenketten der Proteine sind teilweise wesentlich kürzer und sollen trotzdem intramolekulare Micellen ausbilden. Wie ist dieser scheinbare Widerspruch zu erklären? Entscheidend ist – wie schon von NEMETHY und SCHERAGA vermutet wurde [7] –, daß die Seitenketten der Proteine fest an der Hauptkette verankert sind und dadurch ihre translatorischen Freiheitsgrade verloren haben, so daß ein micellenartiger Zusammenschluß auch schon bei geringeren Seitenkettenlängen möglich wird. Gleichzeitig muß die Ausbildung einer stabilen Tertiärstruktur möglich sein, was bei den untersuchten relativ kleinen Peptiden noch nicht gegeben ist. Die Tensidmoleküle in der Micelle besitzen eine sehr geringe Umorientierungszeit und tauschen noch mit den Monomeren in der Lösung aus, weil sie in ihrer Lage nicht fixiert sind; deshalb muß in diesem Fall die »kritische Kettenlänge« der hydrophoben Reste zur Bildung von Assoziaten größer sein als bei Proteinen.

8. Danksagung

Herrn Prof. Dr.-Ing. H. ZAHN danke ich für die Förderung der Arbeit.

Herrn Dr. G. HEIDEMANN bin ich für wertvolle Diskussionen zu Dank verpflichtet.

Herrn Priv. Doz. Dr. H. LANGE und der Firma Henkel & Cie. GmbH, Düsseldorf, gilt mein Dank für die Überlassung der Detergentien, die Farbwerke Hoechst stellten dankenswerterweise kristallisiertes Rinderinsulin zur Verfügung.

Herr Dr. R. KOSFELD und Fräulein VEDDER vom Institut für physikalische Chemie der RWTH Aachen nahmen die NMR-Spektren auf.

Herr Doz.-Dr. H. SCHÖNERT diskutierte mit mir die physikalisch-chemischen Grundlagen der Theorie der hydrophoben Bindungen.

Herr W. ARNS übernahm die Zeichen- und Photoarbeiten.

Ihnen allen sei herzlich gedankt.

Weiter danke ich dem Gesamtverband der Textilindustrie in der Bundesrepublik Deutschland, Frankfurt, der Arbeitsgemeinschaft Industrieller Forschungsvereinigungen e. V., Köln, und dem Bundesministerium für Wirtschaft, Bonn, für die Förderung des Forschungsvorhabens Nr. 822.

Ferner danke ich dem Landesamt für Forschung beim Ministerpräsidenten des Landes Nordrhein-Westfalen, Düsseldorf, und dem Verband der Chemischen Industrie, Düsseldorf, und seinen Mitgliedsfirmen für die Unterstützung meiner Arbeit.

9. Literaturverzeichnis

[1] MIRSKY, A. E., und L. PAULING, Proc. nat. Acad. Sci. U. S. **22**, 439 (1936).
[2] SPEAKMAN, J. B., und M. C. HIRST, Nature **128**, 1073 (1931).

[3]   SCHELLMAN, J. A., C. R. Trav. Lab. Carlsberg, Sér. chim. **29**, 223 (1955).

[3a] KLOTZ, J. M., und J. S. FRANZEN, J. Amer. chem. Soc. **82**, 5241 (1960); ibid. **84**, 3481 (1962).

[4]   JACOBSON, C. F., und K. LINDERSTRÖM-LANG, Nature **164**, 411 (1949).

[5]   KAUZMANN, W., Advances Protein Chem. **14**, 1 (1959).

[6]   KENDREW, J. C., H. C. WATSON, B. E. STRANDBERG, R. E. DICKERSON, D. C. PHILLIPS und V. C. SHORE, Nature **190**, 666 (1961).

[7]   NEMETHY, G., und H. A. SCHERAGA, J. chem. Physics **36**, 3382, 3401 (1962); J. physic. Chem. **66**, 1773 (1962).

[8]   FRANK, H. S., und W. Y. WEN, Disc. Faraday Soc. **24**, 133 (1957).

[9]   LUCK, W., Ber. Bunsenges. physic. Chem. **67**, 186 (1963); ibid. **69**, 69, 626 (1965); Fortschr. chem. Forsch., Bd. 4, 653 (1964).

[10] HAGGIS, G. H., J. B. HASTED und J. BUCHANAN, J. chem. Physics **20**, 1452 (1952).

[11] FRANK, H. S., und M. W. EVANS, J. chem. Physics **13**, 507 (1945).

[12] KLOTZ, J. M., Brookhaven Symposium in Biology, Brookhaven National Laboratory, Upton, New York 1960, 25.

[13] CLIFFORD, J., und B. A. PETHICA, Trans. Faraday Soc. **60**, 1483 (1964).

[14] HERTZ, H. G., und W. SPALTHOFF, Z. Elektrochem. **63**, 1096 (1959).

[15] HERTZ, H. G., und M. D. ZEIDLER, Ber. Bunsenges. physic. Chem. **68**, 821 (1964).

[16] WETLAUFER, D. B., S. K. MALIK, L. STOLLER und R. L. COFFIN, J. Amer. chem. Soc. **86**, 508 (1964).

[17] WHITNEY, P. L., und C. TANFORD, J. biol. Chem. **237**, 1735 (1962).

[18] NOZAKI, Y., und C. TANFORD, J. biol. Chem. **238**, 4074 (1963); ibid. **240**, 3568 (1965).

[19] TANFORD, C., J. Amer. chem. Soc. **84**, 4240 (1962); ibid. **86**, 2050 (1964).

[20] ROBINSON, D. R., und W. P. JENCKS, J. Amer. chem. Soc. **87**, 2064, 2070 (1965).

[21] CRAMMER, J. L., und A. NEUBERGER, Biochem. J. **37**, 302 (1943).

[22] TANFORD, C., J. D. HAUENSTEIN und D. G. RANDS, J. Amer. chem. Soc. **77**, 6409 (1955).

[23] HERMANS, J., und H. A. SCHERAGA, J. Amer. chem. Soc. **82**, 5156 (1960).

[24] SCHRIER, E. E., und H. A. SCHERAGA, Biochim. Biophys. Acta **64**, 406 (1962).

[25] OOI, T., und H. A. SCHERAGA, Biochem. **3**, 1209 (1964).

[26] WISHNIA, A., Proc. nat. Acad. Sci. U. S. **48**, 2200 (1962).

[27] WISHNIA, A., und T. PINDER, Biochem. **3**, 1377 (1964).

[28] LASKOWSKI, M., S. J. LEACH und H. A. SCHERAGA, J. Amer. chem. Soc. **82**, 571 (1960).

[29] WETLAUFER, D. B., J. T. EDSALL und B. R. HOLLINGWORTH, J. biol. Chem. **233**, 1421 (1958).

[30] WETLAUFER, D. B., Advances Protein Chem. **17**, 303 (1962).

[31] BIGELOW, C. C., und I. I. GESCHWIND, C. R. Trav. Lab. Carlsberg, sér. chim. **31**, 283 (1960).

[32] YANARI, S., und F. A. BOVEY, J. biol. Chem. **235**, 2818 (1960).

[33] KOWALSKY, A., J. biol. Chem. **237**, 1807 (1962).

[34] ZAHN, H., Kolloid-Z. **197**, 14 (1964); vgl. auch G. BLANKENBURG, IIIème Congrès International de la Recherche Textile Lainière, Paris 1965, Section 2, 17; J. SCHNELL und H. ZAHN, Makromol. Chem. **84**, 192 (1965).

[35] MAC LAREN, J. A., Austral. J. Chem. **15**, 824 (1962).

[36] BERENDSEN, H. J. C., J. chem. Physics **36**, 3297 (1962).

[37] BRADBURY, J. H., W. F. FORBES, J. D. LEEDER und G. W. WEST, J. Polym. Sci. **2**, Part A, 3191 (1964).

[38] MEYER, M. L., und W. KAUZMANN, Arch. Biochem. Biophys. **99**, 348 (1962).

[39] ERIKSON, J. C., Acta Chem. Scand. **17**, 1478 (1963).

[40] NAKAGAWA, T., und K. TORI, Kolloid Z. **194**, 143 (1964).

[41] HAND, E. S., und T. H. COHEN, J. Amer. chem. Soc. **87**, 133 (1965).

[42] FAHNENSTICH, R., Dissertation, TH Aachen, 1961.

[43] ZAHN, H., und N. LA FRANCE, Liebigs Ann. Chem. **630**, 26 (1960).

[44] MÜLLER, F. H., Diskussionsbemerkung bei H. ZAHN, Kolloid-Z. **197**, 14 (1964).

[45] KAYE, W., Spectrochim. Acta **6**, 257 (1954).

[46] GAUTHIER, G., J. Phys. Radium **14**, 19 (1953).

[47] HECHT, K. T., und D. L. WOOD, Proc. Roy. Sco. **A 235**, 174 (1956).

[48] GILLESSEN, D., Diplom-Arbeit, TH Aachen, 1961; vgl. auch D. GILLESSEN, E. SCHNABEL und J. MEIENHOFER, Liebigs Ann. Chem. **667**, 164 (1961).

[49] MOELLER, F., in Houben-Weyl, »Methoden der organischen Chemie«, Bd. XI, 2.

[50] MELLA, K., Dissertation, TH Aachen, 1964.

[51] ZAHN, H., und K. MELLA, Hoppe-Seyler's Z. physiol. Chem. **344**, 75 (1966).

[52] BRINKHOFF, O., Dissertation, TH Aachen, 1964.

[53] LU ZI-XIAN, Acta Biochimica et Biophysica Sinica **3**, 154 (1963).

[54] vgl. L. J. BELLAMY, The Infrared Spectra of Complex Molecules, Second Edition, S. 380–382 (Methuen & Co. LTD, London).

[55] JONES, L. H., und R. M. BADGER, J. Amer. chem. Soc. **73**, 3132 (1951).

[56] s. auch W. LUCK, Angew. Chem. **72**, 57 (1960), III. Internat. Kongr. Oberflächenaktiver Stoffe 1960, Köln, Bd. I, A, S. 264.

GPSR Compliance
The European Union's (EU) General Product Safety Regulation (GPSR) is a set
of rules that requires consumer products to be safe and our obligations to
ensure this.

If you have any concerns about our products, you can contact us on

ProductSafety@springernature.com

In case Publisher is established outside the EU, the EU authorized
representative is:

Springer Nature Customer Service Center GmbH
Europaplatz 3
69115 Heidelberg, Germany